HUBSCHRAUBER
DER US NAVY, MARINES UND COAST GUARD

Heiko Thiesler

Motor buch Verlag

Einbandgestaltung: Frank Zähringer

Bildnachweis: Sofern nicht anders vermerkt stammen die Bilder vom Autor bzw. aus dessen Archiv.

ISBN 978-3-613-04257-5

1. Auflage 2020

Sie finden uns im Internet unter www.motorbuch-verlag.de

Lektorat: Alexander Burden
Innengestaltung: WS – WerbeService Linke, 76185 Karlsruhe
Druck und Bindung: Conzella, 85609 Aschheim-Dornach
Printed in Germany

Inhalt

Vorwort und Dank

Im Schatten der hochmodernen und schnittigen Kampfjets stehen bis heute die Hubschrauber der US-Marineflieger. Eigentlich zu Unrecht, denn sie leisten seit mehr als 70 Jahren wertvolle Dienste. US Navy, das Marine Corps und die Coast Guard waren frühzeitig am Fluggerät Hubschrauber interessiert und mit dem Aufkommen der ersten brauchbaren Konstruktionen zählten sie zu den ersten Betreibern. Gerade für Rettungs- und Sanitätsflüge, einschließlich dem Aufnehmen havarierter Besatzungen von Trägerflugzeugen, schien der Hubschrauber das ideale Einsatzmittel zu sein. Doch die Aufgaben wurden schnell erweitert. Es kamen Versorgungs-, Verbindungs-, Aufklärungs- und andere Unterstützungsmissionen hinzu; das Marine Corps konnte seine Truppen fortan punktgenau und in schwer zugänglichen Gebieten absetzen und schon bald wurden Hubschrauber auch bewaffnet. Das diente nicht nur der Verteidigung. Für offensive Einsätze entstanden sogenannten Gunships und letztlich reinrassige Kampfhubschrauber. Ferner wurde auch das Gebiet der U-Boot-Jagd erschlossen, das Verharren an ein und derselben Stelle über dem Wasser erlaubte das ständige Ändern der Tauchtiefe von Sonargeräten und damit eine effektivere Suche. Die Kapazität von Transporthubschraubern wurde stetig vergrößert, natürlich auch die Flugleistungen. Schließlich waren die Anforderungen der US-Marineflieger an das Fluggerät Hubschrauber stets hoch, was wiederum unterschiedliche, allerdings nicht immer erfolgreiche Konzeptideen hervor brachte. Seit den 1940er-Jahren entwickelte sich eine beachtliche Typenvielfalt, die geprägt ist von ständig gewachsener Leistungsfähigkeit und Effizienz. Einen vorläufigen Höhepunkt an Technologie und Einsatzkraft stellt heutzutage die V-22 Osprey dar: kein Hubschrauber, sondern ein Kipprotorflugzeug. Mit seinem revolutionären Konzept stellt es das erste Einsatzmuster seiner Art weltweit dar und wird auch von den US-Marinefliegern verwendet.

In diesem Buch geht es nicht um die technische Funktionsweise von Hubschraubern und die detaillierte Beschreibung der unterschiedlichen Rotorsysteme. Der folgende Überblick zu den Einsatzhubschraubern, die je von US Navy, US Marine Corps und US Coast Guard in Dienst gestellt wurden, zeigt anhand zahlreicher Originalfotos vor allem die interessante und abwechslungsreiche Geschichte sowie den Einsatz dieser Drehflügler bei den oben genannten Streitkräften auf.

Ohne die Emil Buehler Library im National Museum of Naval Aviation Pensacola und seine hilfreichen Mitarbeiter wäre das nicht möglich gewesen – special thanks to Bob Ammann, Royal Cheney, Theo Elbert and Bob Thomas. Dank gebührt zudem Marcus Linke für die wie immer gelungene Innengestaltung, Manfred Meyer für die Bereitstellung ansehnlicher Risszeichnungen, Herrn Wolfgang Gastorf vom Hubschrauberzentrum e.V. im Hubschraubermuseum in Bückeburg, dem Buchhaus Rose und seinem engagierten Personal in Nordhausen, Sabine Hentrich, Anton van Ruiten, Scott Rathbone, Ray Watkins sowie Alexander Burden vom Motorbuch-Verlag für die stets willkommene Unterstützung.

Heiko Thiesler

Nordhausen im Frühjahr 2020

Ein zweifellos historisches Foto. Es stammt aus dem Jahr 1945 und zeigt den Moment in dem die Mannschaft des deutschen U-Bootes U-858 am 14. Mai vor Cape Henlopen, Delaware, kapituliert, von den US-Streitkräften aufgebracht und übernommen wird. Mit dabei ein Hubschrauber vom Typ HNS-1 (R-4). Mit diesem Hubschrauber begann für die Marinefliegerkräfte der USA die praktische Anwendung dieses Fluggeräts und leitete zugleich eine bis heute kaum vergleichbare Vielseitigkeit an Einsatzaufgaben, aber auch den Bau unterschiedlich konzipierter Einsatztypen ein. (Foto: US Navy)

Einleitung

Ideen zu Drehflüglern, Rotorflugzeugen und damit Hubschraubern sind schon alt, doch erst im 20. Jahrhundert sollte es schließlich zur praktischen und serienmäßigen Umsetzung zahlreicher Konzepte kommen. Auch in den USA gab es viele innovative Köpfe, die sich an die Konstruktion sowie den Bau von Drehflüglern machten. Zunächst wurde auch hier offenbar dem Konzept Tragschrauber der Vorrang gegeben, Modelle von Cierva, Kellett oder Pitcairn fanden bis in die 1930er-Jahre mäßigen Absatz. Im Februar 1931 hatte auch die US Navy bei der Pitcairn Autogiro Company einen Tragschrauber bestellt und nachfolgend als XOP-1 getestet. Im September gehörten Landungen auf dem ersten Flugzeugträger, der *USS Langley* (CV-1) dazu und im Folgejahr setzte das Marine Corps den Tragschrauber sogar bei Auslandseinsätzen in Nicaragua ein. Jahre später wurden die Tragflügel entfernt und die Versuche unter der Bezeichnung XOP-2 fortgesetzt, doch versprach der Hubschrauber letztendlich sowohl im militärischen als auch im zivilen Bereich größere Vorteile. Man begab sich auf den richtigen Weg, auch wenn die Entwicklung von brauchbaren Mustern noch einige Fürsprecher und natürlich die Bereitstellung nötiger Finanzen erforderten. Abgesehen von den Deutschen Henrich Focke und Anton Flettner, erzielten die Amerikaner weltweit ab den 1930er-Jahren die bedeutsamsten Fortschritte im Hubschrauberbau. Mit den ersten brauchbaren Typen, allen voran Modelle aus dem Hause Sikorsky, war der Hubschrauber endlich auch für die US-Streitkräfte verfügbar. Ähnlich den deutschen Konstruktionen absolvierten noch im Zweiten Weltkrieg amerikanische Hubschrauber ihre ersten Einsätze unter realen Bedingungen und ernteten große Anerkennung. Die weithin publik gemachte Rettung von Flugzeuginsassen aus dem undurchdringlichen, burmesischen Dschungel, und die Überführung in ein Lazarett innerhalb weniger Minuten sprachen für sich und vor allem für das Fluggerät Hubschrauber. Dessen einzigartige Möglichkeiten, auf einem kleinen Fleck zu

Im Februar 1931 bestellte die US Navy bei der Pitcairn Aircraft Corp. den Tragschrauber XOP-1, (linkes Bild) und damit das erste Rotorflugzeug für die US-Marinefliegerkräfte. Die erste von drei XOP-1 wurde im Juni geliefert. Ausgiebige Testreihen bezogen nachfolgend auch die Flugzeugträgererprobung ein, am 23. September 1931 landete eine XOP-1 erstmals auf dem ersten amerikanischen Flugzeugträger USS Langley (CV-1), im Bild rechts. Die beim Start mehr als 1300 kg schwere XOP-1 wurde von einem 220 kW starken Wright-Motor angetrieben und erreichte damit eine bemerkenswerte Höchstgeschwindigkeit von 185 km/h. (Fotos: National Museum of Naval Aviation Pensacola)

landen und wieder zu starten und nachfolgend in wesentlich höherem Tempo als am Boden zum Ziel zu gelangen, beeindruckte jedermann.
Bereits Anfang der 1940er-Jahre hatten auch die US-Marineflieger ihre Wünsche konkretisiert und das Bureau of Aeronautics hatte extra einen Entwicklungsstab für ein Hubschrauberprogramm etabliert. Dem gehörten mit Raymond E. Doll oder Clayton C. Marcy auch einige der überhaupt ersten Hubschrauberpiloten im Dienste der US Navy an. Im Juli 1942 hatte man sich für die Bewertung eines Sikorsky-Hubschraubers vom Typ R-4 entschieden, der als Prototyp erst im Januar seinen Erstflug absolviert hatte. Er stammte aus Beständen der US Army und zwei weitere dieser Maschinen wurden von der Marine im März 1943 bestellt. Die R-4 entstand als VS-316 auf der Basis des ersten flugfähigen Sikorsky-Hubschraubers VS-300, der am 13. Mai 1940 seinen ersten freien Flug absolviert hatte. Mit Schwimmern unter dem Rumpf wurde die VS-300 im Folgejahr zudem der erste Hubschrauber, der Starts und Landungen auf dem Wasser durchführte. Die R-4 baute auf den Erfahrungen mit der VS-300 auf, die US Navy wählte für ihren ersten Einsatzhubschrauber die Dienstbezeichnung HNS-1 und orderte noch mal 22 dieser Maschinen. Einige Exemplare gingen an die US Coast Guard. Gemäß der amerikanischen Gesetzgebung gehört die US-Küstenwache zu den Streitkräften der Vereinigten Staaten und ist im Kriegsfall dem Marineministerium unterstellt. Dann unterstützt sie aktiv die Einsätze der US Navy, vor allem im Bereich von Überwachungs-, Unterstützungs- und Rettungsflügen. Gerade die US-Küstenwache versuchte frühzeitig Entwicklung, Bewertung und Einsatz von Hubschraubern zu beschleunigen, denn bei Rettungsmissionen über Wasser, verschneiten, vereisten und schwer zugänglichen Gebieten versprach sie sich berechtigterweise von diesem Fluggerät große Vorteile. Schon 1943 sprach sie sich zudem für die Unterstützung des Hubschraubers bei U-Boot-Abwehreinsätzen aus, eine Aufgabe, die später noch große Bedeutung erlangen sollte. Auf der Coast Guard Air Station (CGAS) Floyd Bennett Field in Brooklyn, New York, wurde schließlich die erste Hubschrauberflugschule der US-Marineflieger eingerichtet. Neben einem Hubschraubersimulator wurde hier auch eine spezielle, 18x12 m große und zugleich bewegliche Plattform installiert, die Start und Landung auf Schiffen simulieren sollte. Dagegen vollzog am 6. Mai 1943 Captain H.F. Gregory, seinesgleichen Obmann beim Entwicklungsprogramm für Rotorflugzeuge der US Army, die erste Landung eines Hubschraubers auf einem Schiff, wobei es sich um eine R-4 sowie das Tankschiff *Bunker Hill* handelte. Gregory hatte schon die VS-300 geflogen und sich nachfolgend für die finanzielle Förderung von Sikorsky-Hubschraubern stark gemacht. In den folgenden zwei Jahren gab es zahlreiche Deckslandungen und auch Starts von Schiffen, die einiges an Können im Umgang mit dem relativen neuen Fluggerät Hubschrauber abverlangten. Einer der am meisten geforderten Testpiloten war dabei Frank A. Erickson, Lt. Commander der Küstenwache, der allein bis Ende 1943 über 300 Starts und Landungen von Schiffsplattformen und bei unterschiedlichen Wetterkonditionen unternahm. Er war es auch, der im Januar 1944 eine erste Rettungsmission flog und dabei dringend benötigtes Blutplasma transportierte. Drei Monate später rettete die Küstenwache auch erstmals eine Zivilperson mit dem Hubschrauber und ein Jahr später waren Hubschrauber bereits bei mehr als 140 Rettungsflügen im Einsatz gewesen.
In Floyd Bennett Field wurde im Juli 1946 mit VX-3 schließlich die erste Hubschrauberstaffel der US Navy aufgestellt, die im

Igor Sikorsky steuert persönlich seinen Versuchshubschrauber VS-300 zum ersten gefesselten Flug am 14. September 1939. Mit diesem Drehflügler wurden verschiedene Konzepte ausgetestet; die Variante mit Haupt- und Heckrotor war letztlich richtungsweisend. (Foto: Sikorsky)

Mit der Eröffnung der ersten amerikanischen Hubschrauberschule auf der Coast Guard Air Station Floyd Bennett Field in Brooklyn, New York, wurde auch eine bewegliche Plattform installiert, die ein Schiffsdeck bei unterschiedlichen Wellengängen simulierte. (Foto: National Museum of Naval Aviation Pensacola)

Commander Frank A. Erickson, der viele Eigenschaften und Anwendungsmöglichkeiten mit dem neuen Fluggerät Hubschrauber austestete, sitzt im August 1944 in dieser HNS-1 rechts am Steuer. Auf der Backbordseite ist Igor Sikorsky zu sehen, der in einem Rettungsgeschirr sitzend das Bergen mittels Seilwinde demonstriert. (Foto: National Museum of Naval Aviation Pensacola)

Mit dem Interesse der US-Marine an brauchbaren Hubschraubern konnte auch das Unternehmen Bell Verkaufserfolge mit der berühmten Bell 47 erzielen. Unter der Dienstbezeichnung HTL diente sie zunächst vor allem Schulungs- später auch Verbindungs-, Beobachtungs- und Rettungsaufgaben. (Foto: National Museum of Naval Aviation Pensacola)

September auf die Naval Air Station Lakehurst, New Jersey, verlegt wurde. Hier wurden mehr als ein Dutzend Navy-Piloten auf dem Hubschrauber ausgebildet, 1948 waren es schon über 60. Im gleichen Jahr gingen aus VX-3 die ersten operationellen Hubschraubereinsatzstaffeln der Navy als HU-1 und HU-2 hervor, die vorerst beide auf der NAS Lakehurst, New Jersey, ihre Heimatbasis fanden. Mit der Aufstellung der beiden Verbände am 1. April 1948 entschied sich HU-1-Marine Commander Maurice A. Peters für die Verlegung seiner Staffel zur Naval Auxiliary Air Station Miramar in Kalifornien. Schon am 3. Mai wurde Miramar Hauptquartier der Staffel HU-1 (Helicopter Utility Squadron One), doch erst am 18. des Monats erhielt die Einheit ihren ersten Hubschrauber. Dabei handelte es sich um eine Bell HTL, die – verpackt in einer großen Holzkiste – für einiges Aufsehen auf dem Marinestützpunkt sorgte. Bis Mitte Juni trafen weitere Hubschrauber ein, das Personal vergrößerte sich täglich. Das verwendete Fluggerät war inzwischen vielseitiger geworden, nach der HTL gab es weitere, neuere Muster für unterschiedliche Aufgabenbereiche und nicht nur von Bell und Sikorsky als Lieferanten. Hiller, Kaman und Piasecki stießen als Produzenten hinzu und lieferten Hubschrauber in unterschiedlichen Konzeptionen und Gewichtsklassen ab. Das US Marine Corps hatte am 1. Dezember 1947 in Quantico, Virginia, ihre erste Marine Helicopter Squadron als HMX-1 aufgestellt, die im Februar des darauf folgenden Jahres ihre ersten beiden Hubschrauber erhielt. So gab es einen weiteren Kunden für die oben genannten Hersteller, doch muteten zu dieser Zeit die Beschaffungspläne von Hubschraubern noch etwas stiefmütterlich an. Für das Finanzjahr 1948 gab es von staatlicher Seite grünes Licht zum Kauf von insgesamt 1165 Flugzeugen, darin enthalten gerade mal 37 Hubschrauber. Doch im Laufe der Jahrzehnte änderte sich dieser Zustand grundlegend. Während Navy und Marines 1948 zusammen über höchstens 50 Hubschrauber verfügten, waren es zehn Jahre später schon über 900. Weitere zehn Jahre vergingen und die Zahl stieg auf knapp 1200 und erreichte im Jahr 1990 mit 1439 Stück ein neues Hoch. Interessant die unten stehende Tabelle, in der die von 1948 bis 1962 beschafften Hubschrauber allein des Marine Corps aufgelistet sind.

Mit der Anschaffung der ersten Hubschrauber begann gerade bei Navy und Marine Corps schon bald eine Spezialisierung, Neuaufteilung und Erweiterung von Aufgabenbereichen. Entsprechend ihren Missionsanforderungen erhielten die Einheiten eigene Designationen. Den Anfang machte am 3. Dezember 1950 die Helicopter Training Unit One, kurz HTU-1, in Ellyson Field, Florida. Damit verlagerten die Marineflieger ihre Hubschrauberausbildung von Lakehurst auf die 1940 eröffnete und unweit der Naval Air Station (NAS) Pensacola gelegene Basis. Ab dem 15. Januar 1951 lief der erste, von 24 Pilotenanwärtern besuchte Trainingskurs, der acht Wochen dauerte und 60 Flugstunden auf einem Hubschrauber einschloss. Hier wurden vor allem die kleineren Bell- und Hiller-Modelle HTL und

Hubschrauberbestand US Marine Corps 1948–1962, jeweils zum Ende des Kalenderjahres

Typ \ Jahr	1948	1949	1950	1951	1952	1953	1954	1955	1956	1957	1958	1959	1960	1961	1962
HRP-1/2	5	6	7	3	3	1									
HO3S-1	5	8	5	4	3	1	2	2							
HTL-1			2	2	1										
HTL-2	1	1	1	1											
HTL-3			2	2	1										
HTL-4			8	11	12		5								
HTL-5							1	5							
HRS-1				47	35	36	27	25	27	8	2				
HRS-2					71	60	52	11	2						
HRS-3						45	51	77	113	123	113	50	35	17	13
HO4S-1				6	3	2	2	2	1						
HO5S-1					33	57	37	26	6						
HTK					4										
HUP-1/2							11	13		3		2			
H-13D								6							
HR2S-1									2	14	37	36	29	29	28
HOK-1									28	41	45	39	37	35	30
HUS-1										49	124	159	203	259	313
SH-3														3	5
Total	11	15	25	76	166	202	188	167	179	238	322	286	304	343	389

HTE genutzt, für einsatzspezifische Schulungen bald aber auch größere Typen von Sikorsky und Piasecki verwendet. Der Einsatz umfasste nicht nur das Training der Hubschrauberpiloten von Navy, Marine Corps und Coast Guard, später wurden mit den Helikoptern von HTU-1 auch Unterstützungs- und Hilfseinsätze bei Naturkatastrophen wie z.B. im benachbarten Mexiko geflogen. HTU-1 wurde im März 1957 zur HTG-1 (Helicopter Training Group One) und am 1. Juli 1960 schließlich zur Trainingsstaffel HT-8. Ab 1963 wurde die Schulung auf 80 Flugstunden ausgedehnt, 1967 wurde HT-8 zur ersten Staffel, die mit einmotorigen Hubschraubern 200.000 unfallfreie Flugstunden erreichte. Im März 1972 erhielt der Verband mit HT-18 einen Ableger, der auch Schulungen wie Instrumententraining oder Trägerqualifikationen durchführte. HT-8 und HT-18 verlegten Ende 1973 auf die NAS Whiting Field, Florida, und erhielten am selben Standort im Mai 2007 mit HT-28 weiteren Zuwachs. Zwei Jahre später erreichten die Trainingsverbände im Juni einen Meilenstein, als der 30.000. Kadett seine Schwingen, die *Wings of Gold*, als Hubschrauberpilot erhielt.

Im Januar 1951 wurde die erste Hubschraubertransportstaffel des Marine Corps als HMR-161 auf der kalifornischen Marine Corps Air Station (MCAS) El Toro aufgestellt. Dorthin versetzte man umgehend acht Offiziere von HMX-1, um ihre Erfahrungen einfließen zu lassen und im Angesicht des seit einem halben Jahr tobenden Koreakriegs geeignete Transportkapazitäten aufzubauen und effektiv umzusetzen. Ebenfalls 1951, im Oktober, nahm bei der US Navy HS-1 als erste mit Hubschraubern ausgestattete U-Boot-Jagdstaffel ihren Dienst am Heimatstandort, der Naval Air Station Key West in Florida auf. Mit Piasecki-Hubschraubern des Typs HUP-2 begannen schon zwei Monate später Trägerqualifikationen auf dem Geleitflugzeugträger *USS Siboney* (CVE-112). Die HUP-2 konnten in der U-Boot-Jägerrolle allerdings nicht überzeugen. Erst mit der Sikorsky HSS-1 erreichte man ab Ende 1955 brauchbare Kapazitäten für diese Aufgaben. Sie flogen Such- und Abwehreinsätze einzeln oder im sogenannten Hunter/Killer-Team, mindestens eine Staffel wurde auf den U-Boot-Jagdflugzeugträgern (CVS) stationiert. U-Boot-Jagd-Hubschrauber übernahmen damit die Nahbereichsabwehr und boten gegenüber Flächenflugzeugen neben geringeren Kosten weitere Vorteile. Der Hubschrauber konnte längere Zeit an ein und derselben Stelle verharren und in geringer Höhe über dem Wasser

Nach mehreren eher unbefriedigenden Lösungen, lieferte Sikorsky mit der S-58 den ersten wirklich fähigen U-Boot-Jagd-Hubschrauber ab, hier in der allwettertauglichen Variante HSS-1N zu sehen. (Foto: National Museum of Naval Aviation Pensacola)

Zur Rettung havarierter Flugzeugbesatzungen erwies sich der Hubschrauber als ein sehr geeignetes Mittel im sogenannten »Plane Guard«-Einsatz. Hier versucht eine HUP-2 die Besatzung einer AF-2S Guardian aus dem Wasser zu fischen, nachdem diese von der USS Block Island (CVE-106) gestartet war, aber wegen fehlender Motorleistung ins Meer stürzte. (Foto: National Museum of Naval Aviation Pensacola)

schwebend, die Tauchtiefe des Sonars zur U-Boot-Suche ständig verändern. Ein bestimmter Sektor konnte somit genauer »abgehorcht« werden, eine zweite Maschine konnte die Suche zusätzlich mit einem abseilbaren Magnetdetektor (MAD) unterstützen.

Ab Ende der 1950er-Jahre und vor allem im nachfolgenden Jahrzehnt entstanden weitere Bezeichnungen für die Hubschrauberstaffeln von Navy und Marines, es erfolgten auch Unterteilungen in leichte, mittlere und schwere Einheiten. Die US-Küstenwache vergab keine Staffelnamen für ihre Hubschrauberverbände, die sie an ihren Standorten, den US Coast Guard Air Stations, konzentrierte und den jeweiligen Kommandostäben des Atlantischen und Pazifischen Raumes unterstellte.

Im Koreakrieg 1950–1953 erreichte der Hubschrauber einen Status, der ihn Jahre später im Vietnamkrieg praktisch zur Selbstverständlichkeit werden ließ. Schon bei der Verteidigung des südkoreanischen Brückenkopfes in Busan (früher Pusan geschrieben) spielten amerikanische Helikopter im Sommer 1950 eine brauchbare Rolle, Sikorsky HO3S der Marines etwa flogen wichtige Beobachtungs- und Verbindungsmissionen und konnten somit zu einer effizienten Einsatzkoordination beitragen. Innerhalb der Marines-Staffel VMO-6 versorgten Hubschrauber dieses Typs ab August auch erstmals Marineinfanteristen mit Proviant und absolvierten am 10. des Monats ihres ersten Rettungsflug, der einem abgestürzten Pilot einer F4U Corsair galt. Auf den Flugzeugträgern der US Navy waren HO3S-1-Hubschrauber der Staffel HU-1 stationiert, die als sogenannte »Plane Guards« fungierten und havarierten Flugzeugbesatzungen aus dem Wasser halfen, zuerst von Bord der *USS Valley Forge* (CV-45) und *USS Philippine Sea* (CV-

Designation Hubschrauberstaffeln US Navy

HAL	**H**elicopter **A**ttack Squadron (Light), zuerst HAL-3 am 1. April 1967 aufgestellt
HC	**H**elicopter **C**ombat Support Squadron, zuerst HC-1 am 1. Juli 1965 aus HU-1 formiert
HCS	**H**elicopter **C**ombat **S**upport Special Squadron, zuerst HCS-4 am 1. Juli 1976 aus HAL-4 formiert
HCT	**H**elicopter **C**ombat Support **T**raining Squadron, zuerst HCT-16 am 1. November 1974 aufgestellt
HM	**H**elicopter **M**ine Countermeasures Squadron, zuerst HM-12 am 1. April 1971 aufgestellt
HS	**H**elicopter Anti-**S**ubmarine Squadron, zuerst HS-1 am 3. Oktober 1951 aufgestellt
HSC	**H**elicopter **S**ea **C**ombat Squadron, zuerst HSC-3 am 1. April 2005 aus HC-3 formiert
HSL	**H**elicopter Anti-**S**ubmarine Squadron **L**ight, zuerst HSL-30 am 1. Juli 1960 aus HU-4 formiert
HSM	**H**elicopter **M**aritime **S**trike Squadron, zuerst HSM-41 am 8. Dezember 2006 aus HSL-41 formiert
HT	**H**elicopter **T**raining Squadron, zuerst HT-8 am 1. Juli 1960 aus HTG-1 formiert
HTG	**H**elicopter **T**raining **G**roup, zuerst am 1. März 1957 aus HTU-1 formiert
HTU	**H**elicopter **T**raining **U**nit, zuerst HTU-1 am 3. Dezember 1950 aufgestellt
HU	**H**elicopter **U**tility Squadron, zuerst HU-1 am 1. April 1948 aufgestellt
HX	**H**elicopter Air Test and Evaluation Squadron, zuerst HX-21 am 1. Mai 2002 aufgestellt
VX	Helicopter Air Test and Evaluation Squadron, zuerst VX-3 am 1. Juli 1946 aufgestellt

Designation Hubschrauberstaffeln US Marine Corps

HMA	**H**elicopter **M**arine **A**ttack Squadron, zuerst HMA-269 am 1. Juli 1971 aufgestellt
HMH	**H**elicopter **M**arine **H**eavy Squadron, zuerst HMH-463 am 1. März 1966 aufgestellt
HMHT	**H**elicopter **M**arine **H**eavy **T**raining Squadron, HMHT-302 am 1. Juli 2010 aus HMT-302 formiert
HML	**H**elicopter **M**arine **L**ight Squadron, zuerst HML-167 am 1. April 1968 aufgestellt
HMLA	**H**elicopter **M**arine **L**ight **A**ttack Squadron, zuerst HMLA-167 am 1. April 1986 aufgestellt
HMLAT	**H**elicopter **M**arine **L**ight **A**ttack **T**raining Squadron, HMLAT-302 am 30. April 1982 aufgestellt
HMM	**H**elicopter **M**arine **M**edium Squadron, zuerst HMM-265 am 1. Oktober 1962 aufgestellt
HMR	**H**elicopter **M**arine Transport Squadron, zuerst HMR-161 am 15. Januar 1951 aufgestellt
HMR(C)	**H**elicopter **M**arine **R**econnaissance (**C**omposite) Squadron, HMR(C)-263 am 1. Juni 1958 aus HMR-263 formiert
HMR(L)	**H**elicopter **M**arine (**L**ight) Transport Squadron, HMR(L)-161 am 31. Dezember 1956 aus HMR-161 formiert
HMR(M)	**H**elicopter **M**arine (**M**edium) Transport Squadron, zuerst HMR(M)-461 am 15. Januar 1957 aufgestellt
HMT	**H**elicopter **M**arine Heavy **T**raining Squadron – zuerst HMT-302 am 1. November 1966 aufgestellt
HMMT	**H**elicopter **M**arine **M**edium **T**raining Squadron – zuerst HMMT-164 am 1. Juli 1962 aufgestellt
HMX	**H**elicopter Operational Test and Evaluation Squadron, zuerst HMX-1 am 1. Dezember 1947 aufgestellt
VMM	**M**arine **M**edium Tiltrotor Squadron, zuerst VMM-263 am 3. März 2006 aus HMM-263 formiert
VMMT	**M**arine **M**edium Tiltrotor **T**raining Squadron, VMMT-204 am 10. Juni 1999 aus HMT-204 formiert
VMX	**M**arine Tiltrotor Operational Test and Evaluation Squadron, zuerst VMX-22 am 28. April 2008 aufgestellt
VMO	**M**arine **O**bservation Squadron(s) gab es schon ab den 1920er-Jahren, ab den 1950er-Jahren wurden neben Flächenflugzeugen auch Hubschrauber genutzt, als letzte dieser Einheiten VMO-4 im März 1994 deaktiviert

Links: Mit der Gyrodyne QH-50 stellte die US Navy in den 1960er-Jahren ihre erste Hubschrauberdrohne in Dienst, die von Schiffen aus ferngesteuert die U-Boot-Abwehr übernahm. Aufgrund verschiedener Defizite ging mehr als Hälfte der gebauten QH-50 im Einsatz verloren und ihr Dienst endete 1970. (Foto: US Navy)

Rechts: Erst mit Beginn des 21. Jahrhunderts begannen die US-Marineflieger sich wieder ernsthaft mit dem Thema Hubschrauberdrohne zu beschäftigen. Ab 2002 erprobte die US Navy die Northrop Grumman RQ-8A im Flug, dieses Exemplar steuert im Januar 2006 auf die USS Nashville (LPD-13) zu. (Foto: US Navy)

47) aus. Ebenfalls 1950 gelangten die Hubschrauber auch mit kleineren Trägerschiffen wie der *USS Badeong Strait, Bairoko, Bataan* und *Sicily* an den Konfliktherd. Doch nicht nur in der Nähe von Trägerschiffen spielten sich diese Rettungsaktionen ab, die Hubschrauber flogen z.T. bis tief ins Landesinnere um Verwundete zu transportieren. VMO-6 operierte zu diesem Zweck ab 1950 auch von verschiedenen Landstützpunkten aus. Hierzu wurden neben dem Rumpf links und rechts jeweils eine Transportkapsel mit Krankentrage angebracht. Sikorsky-Helikopter erhielten durch derartige Rettungsflüge den Titel »Angel« (dt. »Engel«). Marineflieger sowie in großem Umfang die Hubschrauber der US Army transportierten im Koreakrieg zwischen 20.000 und 30.000 Verwundete und retteten so vielfach Leben. Neben den Sikorsky-Modellen wurden seinerzeit vor allem die kleineren Bell HTL und Hiller HTE der Marineflieger zu vielfältigen Einsätzen über Korea herangezogen. Das Marine Corps wurde zudem mit ihrer 1951 aufgestellten Transportstaffel HMR-161 und den vielfach genutzten Sikorsky HRS recht populär. Auf dem Geleitflugzeugträger *USS Sitkoh Bay* (CVE-86) transportierten die US-Streitkräfte nicht nur dringend benötigte Kampfjets, sondern auch 15 HRS-1 und kamen damit am 2. September 1951 in Busan an. Am 13. September erfolgte der erste Einsatzflug und am 21. der Transport von insgesamt 224 Soldaten und 8000 kg Fracht. Letztlich transportierten die Marines mit diesen Hubschraubern bis zum Waffenstillstand im Juli 1953 in über 18.600 Einsätzen mehr als 60.000 Soldaten sowie dazu gehörendes Gerät und Material. Das sind nur einige Beispiele von Einsätzen der amerikanischen Marinehubschrauber in diesem Konflikt. Sie trugen zweifellos dazu bei, dass der Hubschrauber bei den US-Militärs vollends akzeptiert wurde.

Mit dem verstärkten Engagement der USA in Südostasien wurde der Einsatz von Hubschraubern weiter ausgeweitet und nahm bis dahin nie gekannte Ausmaße an. Der Krieg in Vietnam wurde daher auch als »Helicopter War« (»Krieg der Hubschrauber«) bekannt. Mehr als 12.000 amerikanische Hubschrauber waren in den Konflikt in Südostasien involviert. Sie übernahmen alle möglichen Aufgaben und waren überall anzutreffen. Die Drehflügler von Navy und Marine Corps transportierten in unzähligen Einsätzen Truppen und Gerät, führten Anlandungen durch und flogen eingeschlossene Verbände aus. Sie beförderten Waffen, Proviant, Medikamente und andere dringend benötigte Güter zum Teil bis in hart umkämpfte Areale, sie holten Verwundete aus den Kampfzonen und retteten Crews abgestürzter Flugzeuge aus schwer zugänglichen Gebieten und aus dem Wasser. Sie bargen gleichfalls abgeschossene und havarierte Flugzeuge, Hubschrauber und Drohnen. Sie boten Schiffen und Marineinfanteristen zu Lande und zu Wasser Begleitschutz oder übernahmen zunehmend selbst Angriffe auf den Gegner, räumten Minen und gestalteten die Nahbereichs-U-Boot-Abwehr im Umfeld der Trägerkampfgruppen. Hinzu kamen viele weitere unterstützende Aufgaben, Aufklärungs- und Verbindungsflüge, VIP-Transporte, die Nachrichtenübermittlung und vieles mehr. Doch waren die Verluste von insgesamt über 5000 amerikanischen Hubschraubern über Südostasien gleichfalls enorm. Die meisten Verluste erlitt dabei die US Army, aber auch Navy und Marine Corps verloren zusammen rund 470 Hubschrauber. Dennoch hatten sich Hubschrauber während des Krieges bewährt. Auch die Marineflieger zogen ihre Lehren daraus und entwickelten aufbauend auf den gemachten Erfahrungen ihre Einsatztaktiken, ihre Anforderungen an künftige Hubschrauber und deren Systeme weiter. Dazu zählten z.B. weiterentwickelte Warn- und Rettungsanlagen, Cockpitinstrumente, Feuerleit- und Waffensysteme, Triebwerke und Materialien. So spielten die Hubschrauber von US Navy und den Marine Corps auch in den Konflikten der jüngeren Vergangenheit eine herausragende Rolle. Über den gleichen Zeitraum realisierten Helikopter der US Coast Guard bemerkenswerte Rettungsflüge und überwachten Territorien entlang den amerikanischen Küsten, aber auch über dem Festland.

Seit den 1950er-Jahren setzte eine weitere Spezialisierung bei den Hubschraubern der Marineflieger ein so z.B. auch bei der U-Boot-Abwehr. Hier entstanden bereits die ersten bewaffneten Hubschrauberdrohnen, die eine Zeit lang schiffsgestützt zum Einsatz gelangten.

Peter J. Papadakos gründete 1946 in Long Island, New York, das Unternehmen Gyrodyne Company of America, um sich hauptsächlich der Perfektion von Hubschraubern mit Koaxialrotoren zu widmen. Im Dezember 1954 kam es schließlich durch die US Navy zur Auftragserteilung über zwei leichte, XRON-1 genannte Einmann-Hubschrauber. Die sollten vorwiegend Beobachtungs- und Verbindungsflügen dienen oder auch Marineinfanteristen das schnelle Verlassen aus umkämpften Gebieten ermöglichen. Erstmals im November 1955

Sikorsky lieferte mit der S-65/S-80 den bis heute schwersten und leistungsstärksten westlichen Hubschrauber, der hohes Ansehen bei den US-Streitkräften genießt. Die MH-53E Sea Dragon beeindrucken durch ihre gewaltigen, mit Kraftstoff gefüllten Schwimmer und werden bis heute zur Minenräumung sowie zu logistischen Zwecken wie der Nachschubversorgung von Schiffen genutzt. (Foto: US Navy)

Moderne Einsatzmuster zeichnen sich durch einen Mehrzweckcharakter und hohe Einsatzflexibilität aus, auf der USS America *(LHA-6) sind gleich zwei davon zu sehen: im Vordergrund eine MH-60S und weiter hinten eine MV-22B. (Foto: US Navy)*

Als neueste Version des Cobra-Kampfhubschraubers stellt die AH-1Z Viper das potenteste Einsatzmittel der Marines bei Kampfaufträgen dar. Sie verfügt über hochmoderne und ebenso präzise Ziel- und Waffensysteme. (Foto: L.M. Tourtelot / USMC)

in der Luft, wurde letztlich nur eine kleine Stückzahl von den Marines beschafft. Die Navy hingegen interessierte sich für eine unbemannte Version, die als Drone Anti-Submarine Helicopter (DASH) zur U-Boot-Bekämpfung dienen sollte. In dieser Form flog die zunächst DSN-1, später QH-50A genannte Drohne am 12. August 1960 zum ersten Mal im ferngesteuerten Modus. Schon bald folgten auch Tests vom Zerstörer *USS Hazelwood* (DD-531) aus und bestätigten im Wesentlichen die Konzeptidee. Andererseits galt es Neuland zu erschließen, die Verlustrate bei den Versuchsmaschinen der Baureihe DSN-1 war wie auch bei den Serienhubschraubern hoch. Nach drei Erprobungsexemplaren DSN-2 (QH-50B) war die erste Serienversion die QH-50C, von der insgesamt 378 Exemplare vom Band liefen. Ab November 1962 übernahm die US-Marine diese Drohne für den regulären Einsatz, musste sie aber nach weiteren Unfällen zunächst am Boden belassen. Ab Mitte 1963 wieder im Dienst, erfolgte der Einsatz ferngesteuert von Zerstörern aus. Hier befanden sich meist zwei dieser Drohnen an Bord. Mit einigen Verbesserungen wurden von 1966 bis 1969 noch 395 Exemplare der QH-50D ausgeliefert, doch gingen weit mehr als die Hälfte aller gebauten DASH-Einheiten bei Unfällen verloren. Gründe waren das empfindliche Steuerungssystem und die limitierte Reichweite der Schiffssensoren zur Steuerung, ferner die z.T. mangelhafte Ausbildung des zuständigen Personals. Leider mangelte es bereichsweise auch an einer größeren logistischen Unterstützung durch die US Navy, welche nach eigenen Worten die Verluste als akzeptabel bezeichnete. Bis Januar 1971 waren alle Drohnen von den Schiffen der US-Marine verschwunden und kamen begrenzt noch bei anderen Aufgaben, vor allem zu Testzwecken, zum Einsatz. Im U-Boot-Abwehr-Einsatz konnten diese Drohnen ein bis zwei Torpedos, optional auch eine Atombombe laden und über einem bis zu 70 km entfernten U-Boot ausklinken. Es wurden verschiedene Antriebe erprobt und serienmäßig schließlich eine (QH-50C) oder zwei (QH-50D) kleine Boeing-Turbinen verwendet. Die QH-50 besaßen durchaus gute Leistungsparameter in den Bereichen Geschwindigkeit, Flughöhe und Steigleistung und stellten letztendlich einen bemerkenswerten Schritt in die Richtung der heute gängigen Verwendung von Drohnen dar.

Für die U-Boot-Abwehr kaufte die Navy dann doch eher konventionell und fand mit den Typen Kaman SH-2 Seasprite und Sikorsky SH-3 Sea King ausgereifte, leistungsfähige Einsatzmuster, die über viele Jahre zuverlässig ihren Dienst ausübten. Diese Hubschrauber wurden ab Anfang der 1960er-Jahre in Dienst gestellt und verfügten über einen Turbinenantrieb, der u.a. höhere Leistung sowie Sicherheit versprach. Zudem waren Sensor- und Waffentechnik weiterentwickelt worden, sodass der Hubschrauber nicht mehr im sogenannten Hunter / Killer-Team, sondern einzeln die Suche sowie Bekämpfung von Unterwasserschiffen und zugleich bei jedem Wetter übernehmen konnte. Mit ihrem bootsförmigen Rumpf konnte die Sea King auch auf dem Wasser landen, ähnlich den bei der US-Küstenwache eingesetzten, aber kleineren und mit nur einer Turbine ausgerüsteten Sikorsky HH-52 Seaguard.

In den 1960er-Jahren führte das Marine Corps auch die leis-

Über Jahrzehnte trainierten Bell's TH-57 Sea Ranger Hubschrauberpiloten der US-Marineflieger, nun soll innerhalb der Ausschreibung TH-XX ein neues Einsatzmuster gefunden werden. Airbus Helicopters hofft mit der H 135 punkten zu können, ein Hubschrauber mit knapp 3000 kg Startgewicht und über 600 km Reichweite. (Foto Airbus)

tungsfähigen, mit Tandemrotoren bestückten CH-46 ein und auch die berühmte Huey fand den Weg ins Arsenal der US-Marineflieger. Viele dieser Maschinen erfüllten nicht nur Absetz- und Transportaufträge, sondern wurden zu Gunships ausgerüstet und hinterließen mit ihrer Feuerkraft großen Eindruck im Vietnamkrieg. Der Wunsch nach noch höherer Kampfkraft führte letztlich zur Forderung der Marines nach einem echten Kampfhubschrauber, einer auf ihre Bedürfnisse zugeschnittenen Variante der AH-1 Cobra. Hierbei sollten hauptsächlich zwei Turbinen als Antrieb sowohl Leistungsfähigkeit als auch Sicherheit erhöhen. Inzwischen ist die Beschaffung der neuesten und möglicherweise potentesten Ausführung als AH-1Z Viper in vollem Gange, auf die sich die Marines in den folgenden Jahren und kommenden Konflikten in allen Klimazonen stützen werden. Bis heute ist auch der größte Hubschrauber der US-Marineflieger, die Sikorsky CH-53, im Einsatz und die neueste Version als King Stallion bestellt. Ferner stützt sich die US Navy seit Jahren auf verschiedene Baureihen der MH-60 Seahawk. Nach immer neuen Versionen etwa für Rettungseinsätze oder U-Boot-Abwehr wurden seit geraumer Zeit auf jeweilige Einsätze spezialisierte Ausrüstungen so gut es geht zusammen gefasst und Bestandteil von Mehrzweckmaschinen, die aktuell auch die wichtigsten Einsatztypen auf den Trägerschiffen der US Navy darstellen. Das hängt auch mit der inzwischen abgeschlossenen Umstrukturierung der Flugzeugträgerverbände zusammen, wo die Carrier Strike Group aus je einer Helicopter Maritime Strike Squadron mit gut zehn MH-60R sowie einer Helicopter Sea Combat Squadron mit acht MH-60S besteht. Ein Teil davon ist innerhalb des Verbandes auf dem Flugzeugträger und der Rest der Hubschrauber auf je einer Fregatte, einem Zerstörer sowie einem Lenkwaffenkreuzer verteilt.

Völliges Neuland wurde schließlich mit der Gemeinschaftsentwicklung Bell / Boeing V-22 Osprey beschritten. Sie ist kein Hubschrauber, aber ein Rotorflugzeug. Die Osprey besticht durch zwei schwenkbare, von Turbinen angetriebene Proprotoren, die praktisch eine Symbiose von Hubschrauberrotoren und Flugzeugpropellern darstellen. Mit diesem Tiltrotor genannten Antrieb sind Kurzstrecken- sowie Vertikalstarts und -landungen möglich und im Horizontalflug werden die Geschwindigkeiten der bisherigen Einsatzhubschrauber bei weitem übertroffen. Somit lassen sich schneller Kampftruppen und Gerät anlanden oder auch wieder ausfliegen und es wird generell eine höhere Einsatzflexibilität erreicht. Nach einigen Entwicklungsproblemen und zahlreichen politischen Kontroversen konnte das Marine Corps im Jahr 2007 endlich die volle Einsatzbereitschaft der Osprey vermelden. Als früher Interessent des Kipprotorflugzeuges hatte die US Navy eine Beschaffung lange hinausgezögert, entschied sich aber letztlich Anfang 2015 für die Beschaffung des Musters unter der Bezeichnung CMV-22B. Im Einsatz werden diese Maschinen hauptsächlich Flächenflugzeuge vom Typ C-2 Greyhound in der Carrier-On-Board-Delivery-Rolle abgelösen und damit die Versorgung der Flugzeugträger mit wichtigen Gütern übernehmen.

Die wichtigsten US-Hubschrauberproduzenten für US Navy, Marine Corps und Coast Guard

In den USA beschäftigten sich etliche Firmen mit der Entwicklung von Hubschraubern, erst recht wenn es um die ersten, von den US-Streitkräften herausgegebenen Ausschreibungen ging. Ein gutes Beispiel ist der Anfang 1950 von der US Navy initiierte Wettbewerb um einen U-Boot-Abwehrhubschrauber, in den drei Dutzend Unternehmen einbezogen wurden, viele davon ohne jegliche Kenntnisse im Hubschrauberbau. Drei Monate später schafften es letztlich nur zwölf davon in die engere Auswahl und reichten entsprechende Vorschläge ein. Einige Unternehmen wie z.B. Doman, Kellett oder Platt LePage, die sich zwar grundsätzlich mit Hubschrauberentwürfen beschäftigten, waren teilweise bis zum Ende des Jahrzehnts mit der Entwicklung und dem Bau solcher Maschinen beschäftigt, konnten aber zum Schluss keine Aufträge verbuchen und mussten die Sparte erfolgreicheren Herstellern überlassen. Diese werden im Folgenden in alphabetischer Reihenfolge kurz vorgestellt.

Lawrence Dale **Bell** (1894–1956) sammelte als junger Mann bei dem amerikanischen Flugzeugbaupionier Glenn Martin Erfahrung und wechselte 1928 zu Consolidated. Hier brachte er es bis zum Vizepräsident, gründete 1935 mit der Bell Aircraft Corporation aber sein eigenes Unternehmen in Buffalo, N.Y., das nachfolgend durch mehrere Jagd- sowie Aufsehen erregende Versuchsflugzeuge bekannt wurde. Anfang der 1940er-Jahre widmete man sich dort auch Hubschrauberkonstruktionen und profitierte dabei von den Innovationen des Konstrukteurs Arthur Young. Der entwickelte ein Rotorsystem mit dem typischen Stabilisierungsausleger am Heck, den auch der erste firmeneigene Hubschrauber, Model 30, verwendete und im September 1943 damit den ersten freien Flug unternahm. Zwei Jahre später flog auch die berühmte Bell 47, der als erster Hubschrauber überhaupt eine Zivilzulassung erhielt und durch seine große Plexiglaskabine unverwechselbar aussah. Ein typisches Merkmal wurde zudem ein zweiblättriger Hauptrotor mit einem rechtwinklig dazu angeordneten Stabilisierungsausleger und zwei stromlinienförmigen Gewichten daran. Diese Bauweise, die nachfolgend auch bei weiteren Bell-Hubschraubern Anwendung fand, verursachte auch das typisch »klopfende« Geräusch des Rotors und führte zur Kurzbezeichnung »Chopper«. Im deutschen Sprachraum nannte man Bell-Hubschrauber gerne »Teppichklopfer«. 1952 wurde in Forth Worth, Texas ein neues Werk errichtet, wo man sich fortan in großem Umfang auf die Hubschrauberentwicklung und -fertigung konzentrierte. Neben der Bell 47, die auch von den US-Marinefliegern eingesetzt wurde, folgten die weltweit bekannten Huey und Jet Ranger zu Tausenden Exemplaren in die Fertigung. Sie erlangten in den USA sowie weltweit im zivilen und militärischen Sektor große Verbreitung. Zwischenzeitlich wurde Bell Helicopter 1960 Teil der Textron-Konzerngruppe. Nach frühen Versuchen mit schwenkbaren Triebwerken und Rotorengondeln in den 1950er- und 1960er-Jahren konnte man in Zusammenarbeit mit Boeing mit der V-22 Osprey ein weiterentwickeltes Konzept zu Anfang des 21. Jahrhunderts in den Serienbau überführen. Inzwischen arbeitet Bell an einer neuen Generation von Kipprotorflugzeugen und vervollständigt zugleich seine Angebotspalette an konventionell gebauten Hubschraubern. Annähernd 10.000 Mitarbeiter sind heute bei Bell beschäftigt, mehr als 35.000 Maschinen wurden bisher produziert.

Stanley **Hiller**, Jr. (1924–2006) entwickelte bereits als Jugendlicher seinen ersten Hubschrauber, der mit einem Koaxialrotorsystem ausgerüstet war und gründete 1942 die Hiller Aircraft Company. Als XH-44 machte sein »Hiller-Copter«-Koaxialhubschrauber als erster dieser Art überhaupt in Amerika im Juli 1944 den Erstflug, als die Firma mit der Kaiser Corporation die United Helicopters formte. Ab 1948 wieder Hiller Helicopters, wurde das kurz zuvor entwickelte Modell 360 (UH-12) mit über 2000 hergestellten Exemplaren der erfolgreichste Hub-

Lawrence D. Bell

Die HSL war die einzige Hubschrauberkonstruktion der Firma Bell, die Tandemrotoren verwendete. Zugleich war sie der erste Hubschrauber, der von Anfang an zur U-Boot-Abwehr entwickelt wurde. (Foto: National Museum of Naval Aviation Pensacola)

schrauber des kalifornischen Unternehmens und damit eine bedeutende Entwicklung im amerikanischen Bau von Drehflüglern. In gewisser Weise der Bell 47 ähnlich, waren für den Hiller-Hubschrauber zwei rechtwinklig zu den Rotorblättern befestigte und mit einem asymmetrischen Profil ausgestattete, paddelförmige Ausleger charakteristisch. Diese Paddel wurden auch als Rotormatic-Steuerung bekannt, funktionierten wie ein Hilfsrotor und konnten die Ausrichtung der Rotorblätter beeinflussen. 1966 wurde die Firma endgültig von Fairchild Industries übernommen, neuere Entwicklungen generierten nur kleine Stückzahlen. Ähnlich der Gyrodyne YRON-1 erregte der Einmann-Hubschrauber YROE-1 von Hiller gewisses Aufsehen, wurde auch von den US Marines getestet und in einer kleinen Menge von 13 Stück produziert, aber nicht in Dienst gestellt. Ab den 1970er-Jahren erfolgten in der Hubschraubersparte von Fairchild Hiller mehrere Wechsel von Investoren, Haupteignern und Produktionsstandorten.

Stanley Hiller Jr.

Die Hiller YROE-1 war ein zusammenlegbarer Einmannhubschrauber, der zu Beobachtungszwecken oder zur Selbstrettung abgeschossener Piloten aus der Gefahrenzone dienen sollte und im Januar 1957 erstmals flog. Wie andere ähnliche Konzepte aus jener Zeit fand er jedoch letztlich keine praktische Anwendung. (Foto: NASA)

Charles H. Kaman

Anfang der 1990er-Jahre brachte das Unternehmen Kaman den K-1200 K-Max heraus, ein Lastenhubschrauber mit den herstellertypischen ineinanderkämmenden Rotoren. Das US Marine Corps testet seit Oktober 2011 zwei Exemplare unter der Bezeichnung CQ-24A im unbemannten Modus. (Foto: Lockheed Martin)

Charles Huron **Kaman** (1919–2011) arbeitete zunächst als Ingenieur bei Igor Sikorsky, 1945 gründete er seine eigene Firma als Kaman Aircraft Corporation in Connecticut und widmete sich ebenfalls der Entwicklung von Hubschraubern. Bekannt wurden seine Helikopter vor allem durch das Prinzip der zwei ineinander kämmenden und bereits von Anton Flettner aus Deutschland verwendeten Rotoren. Im Januar 1947 flog mit der K-125 ein erster Prototyp. Mehrere Typen kamen sowohl im zivilen als auch militärischen Bereich zum Einsatz und machten sich durch zahlreiche Rettungsflüge einen Namen, zudem erhielt die US Navy mit der konventionell ausgelegten Seasprite ein nützliches Muster für Search-and-Rescue- sowie U-Boot-Abwehr-Einsätze. Das US Naval Air Development Center untersuchte über Jahre Möglichkeiten, abgeschossene Piloten von Militärflugzeugen möglichst schnell aus der Gefahrenzone zu bringen. Hierzu baute Kaman den 1972 eingeflogenen KSA-100 Saver, einen ausklappbaren Tragschrauber mit einer kleinen Turbine als Antrieb. Eines der Hauptelemente stellte zudem der eigentliche Schleudersitz des Kampfjets dar, doch fand dieses interessante Konzept keine serienmäßige Anwendung. Über längere Zeit erschloss das Unternehmen hauptsächlich auch andere Industriezweige und überraschte die Fachwelt 1991 mit dem neuen Hubschrauber K-1200 K-Max. Typisch Kaman verfügte dieser wieder über die ineinanderkämmenden Rotoren und sollte vorwiegend Lastentransporte und Kranflüge mit rund 3000 kg Nutzmasse in schwer zugängliche Gebiete bewerkstelligen. Hierfür fanden sich einige Abnehmer, interessanterweise testete das US Marine Corps Squadron VMX-1 zwei K-Max als CQ-24A im unbemannten Modus in zahlreichen Einsätzen über Afghanistan. Dies diente der Konzeptfindung zum möglichen Einsatz in gefährlichem, verseuchtem und verstrahltem Terrain.

Frank Nicholas **Piasecki** (1919–2008) arbeitete bei mehreren Flugzeugbauern, gründete ein Engineering Forum zur Entwicklung von Drehflüglern, woraus 1946 schließlich die Piasecki Helicopter Corporation entstand. Schon 1943 brachte er seinen Hubschrauber PV-2 zum Erstflug, welcher im Gegensatz zu seinen nachfolgenden, mit Tandemrotoren ausgerüsteten Konstruktionen in der Auslegung mit Haupt- sowie Heckausgleichrotor versehen war. Die mit Tandemrotoren ausgestattete HUP Retriever erlangte im Mehrzweckbereich sowie als Plane Guard große Popularität bei den US-Marinefliegern. 1955 verließ er das Unternehmen und gründete im selben Jahr die Piasecki Aircraft Corporation. Hier entwickelte Piasecki weiterhin senkrecht startende und landende Fluggeräte, allerdings ohne großen kommerziellen Erfolg. Nach seinem Weggang wurde aus der eigentlichen Piasecki Corp. die **Vertol Aircraft Corporation** gebildet (der Name »Vertol« entlehnte sich von »vertical take off and landing«), die wiederum ab 1960 als Teil von Boeing in **Boeing Vertol** aufging. 1987 wurde daraus die Boeing Helicopter Division, später Boeing Rotorcraft Systems und bis heute baut man dort Hubschrauber mit Tandemrotoren und beteiligt sich an der Fertigung des Kipprotorflugzeugs Osprey.

Igor Iwanowitsch **Sikorsky** (1889–1972) war ein bedeutender Luftfahrtpionier aus Kiew und machte sich zunächst einen Namen mit dem Bau von großen, mehrmotorigen Flugzeugen, beschäftigte sich aber auch schon frühzeitig mit Hubschraubern. 1919 verließ er Russland und gründete 1923 in den USA die Sikorsky Aero Engineering Company, die später Teil der United Aircraft bzw. United Technologies Corp. wurde. Nach Großflugbooten richtete sich sein Hauptaugenmerk auf die Konstruktion von Hubschraubern. In der Vought-Sikorsky Division entstand mit dem VS-300 im Jahre 1939 der erste brauchbare Hubschrauber der USA, der ein Jahr später seinen ersten freien Flug absolvierte. Mit Schwimmern versehen wurde er 1941 zum ersten Hubschrauber, der auf dem Wasser landen und starten konnte. Noch 1941 übertrumpfte er die Focke Wulf Fw 61 aus Deutschland und hielt sich 1h 32min 26s in der Luft. Weiterentwicklungen dieses Versuchsmusters läuteten den Aufstieg des in Stratford, später Bridgeport, Connecticut ansässigen Unternehmens ein, das mit eigenentwickelten Drehflüglern weltweit Erfolge verbuchen sollte. Von Anfang an flogen auch die amerikanischen Marineflieger Sikorsky-Modelle und begannen praktisch den vielfältigen Einsatz des Hubschraubers bei den US-Streitkräften, einschließlich der Küstenwache. Mit dem R-4, bei Marine sowie Küstenwache HNS-1 genannt, ging 1942 der erste amerikanische Hubschrauber in Serienproduktion und ließ weitere Erfolgsmodelle folgen. Sikorsky-Hubschrauber konnten bei den Marinefliegern beinah alle Aufgabenbereiche abdecken und sie erhielten später mit der CH-53 und seinen vielen Varianten auch den größten amerikanischen Hubschrauber. Diese Erfolgsstory wird aktuell mit der noch leistungsfähigeren und völlig überarbeiteten Baureihe King Stallion und dessen Einführung beim Marine Corps fortgeführt. Ab 1951 war auch Sikorskys ältester Sohn Sergei im Unternehmen beschäftigt, schied letztlich 1992 nach Jahren der Einflussnahme auf neuere Entwicklungen als Vizepräsident aus. United Technologies verkaufte die Sikorsky Division 2015 an Lockheed Martin, wobei der traditionsreiche Markenname des Hubschrauberherstellers erhalten blieb.

Frank N. Piasecki

Unter der Modellbezeichnung PA-59N Seageep erprobte die US Navy 1961 ein Senkrechtstart- und landefähiges Fluggerät von Piasecki. Zuvor von der US Army getestet, hatte es nun Schwimmer statt einem Fahrwerk. Eine Gasturbine trieb zwei ummantelte Dreiblattrotoren an und brachte die über 1000 kg schwere Seageep auf mehr als 100 km/h, doch waren Kraftstoffverbrauch zu hoch und die Einsatzmöglichkeiten begrenzt. (Foto: SDAM / US Navy)

Igor I. Sikorsky

Über mehrere Jahrzehnte stellte die Sikorsky S-61 das Rückgrat der hubschraubergestützten Einsatzkräfte innerhalb der US Navy dar und sie überflügelte dank des Turbinenantriebs die voran gegangene Generation an Einsatzhubschraubern in Sachen Leistungsfähigkeit und Flexibilität erheblich. (Foto: US Navy)

Typbezeichnungssystem für US-Marinehubschrauber

Die bei US Navy, Marine Corps und Coast Guard verwendeten Typennamen der frühen amerikanischen Hubschrauber muten auf den ersten Blick kompliziert, mitunter verwirrend an. Bei genauem Hinsehen handelte es sich aber ganz klar um ein durchdachtes System, aus dem sich sogar mehr herauslesen ließ, als bei den ab 1962 und bis heute benutzten. Mit dem alten System wollte man sich klar von dem Fluggerät abgrenzen, das bei US Army sowie Army Air Force, später US Air Force, eingesetzt wurde.

Das seit 1923 übliche System der Typenbezeichnung bei den US-Marinefliegern fing mit einem Buchstaben an. Handelte es sich nicht um ein Versuchsflugzeug, dessen Typenbezeichnung mit einem X für Experimental angefangen hätte, bestimmte der erste Buchstabe praktisch den Verwendungszweck. So gab es z.B. A für Attack-, B für Bomber- oder F für Fighter Aircraft, für Rotorflugzeuge / Hubschrauber hingegen wurde passenderweise das H ausgewählt. Dieses H stand für Heavier-than-air, rotary wing bzw. schlicht Helicopter und wurde von einem zweiten Buchstaben ergänzt, der wiederum auf den Verwendungszweck deutete. Mit einer zunehmenden Spezialisierung ab Ende der 1940er- / Anfang der 1950er-Jahre kamen weitere Zusatzbuchstaben zur Anwendung. So waren folgende Anfangsbuchstaben in der Typenbezeichnung üblich:

HO = Helicopters Observation – Beobachtungs / Aufklärungshubschrauber
HN, später **HT** = Helicopters Training – Schul / Trainingshubschrauber
HR = Helicopters Transport – Transporthubschrauber
HS = Helicopters Anti-submarine – U-Boot-Abwehr-Hubschrauber
HU = Helicopters Utility – Mehrzweckhubschrauber

Ebenfalls in den 1950er-Jahren kamen **HC** = Helicopters Cargo – Frachthubschrauber sowie **HW** = Helicopters Aircraft Early Warning – Frühwarnhubschrauber hinzu, wurden aber nur kurzzeitig verwendet. Eine weitere Ausnahme stellte **DS** = Drone Anti-submarine für U-Boot-Abwehr-Drohne dar.
Nach dieser Klassifizierung durch die oben genannten Buchstaben drückte eine nachfolgende Ziffer aus, um welchen Typ in Reihenfolge es sich bei dem jeweiligen Herstellerunternehmen handelte. Danach kam der Herstellercode in Form eines Buchstaben. Hier hatten die jeweiligen Hersteller schon frühzeitig einen eigenen Buchstaben erhalten. Manche wurden auch mehrmals vergeben, was mit der jeweiligen Existenz des bezeichneten Unternehmens zusammenhing. So standen

B für Boeing (1923–1962)
E für Hiller (1948–1962)
K für Kaman (1950–1962)
L für Bell (1939–1962)
N für Gyrodyne (1955–1962)
P für Piasecki (1946–1955)
S für Sikorsky (1928–1962).

Schließlich folgte nach einem Bindestrich noch eine zusätzliche Ziffer, die auf die jeweilige Version des Hubschraubers hinwies sowie unter Umständen nochmals ein Buchstabe. Das war z.B. bei den Maschinen der US-Küstenwache der Fall, wo nach der Versionsbezeichnung stets ein **G** für Coast Guard stand. Zusatz- und Kosenamen bei den frühen Marinehubschraubern wie »Hoverfly« oder »Dragonfly« wurden von britischen Exportmodellen übernommen oder waren z.T. inoffizielle Titel wie etwa »Flying Banana« oder »Deuce«.

Beispiel: HO3S-1G

stand für:
Helicopter **O**bservation **3.** Serienmodell bei **S**ikorsky – 1. Version, hier Coast **G**uard

Im September 1962 vereinheitlichte das US Department of Defense (US DoD) die Typenbezeichnungen für Fluggeräte einschließlich Raketen, Drohnen, Flugzeuge und Hubschrauber und zugleich für alle Teilstreitkräfte. Die Hubschrauber fingen weiterhin grundsätzlich mit einem H an, wenn man damit die ganze Modellpalette des jeweiligen Typs meinte. Ein davor gesetzter Buchstabe markierte die Version bzw. den Verwendungszweck.

AH = Attack Helicopter – Kampfhubschrauber
CH = Cargo Helicopter – Transporthubschrauber
HH = Rescue Helicopter – Rettungshubschrauber
RH und **MH** = Mine sweeping Helicopter, später MH auch Multirole Helicopter – Minensuch- und Räumhubschrauber, später Mehrzweckhubschrauber
OH = Observation Helicopter – Beobachtungs – und Aufklärungshubschrauber
QH = Drone Helicopter – Hubschrauberdrohne
SH = Anti-submarine Helicopter – U-Boot-Abwehr-Hubschrauber
TH = Training Helicopter – Schul / Trainingshubschrauber
UH = Utility Helicopter – Unterstützungs / Mehrzweckhubschrauber
VH = VIP Helicopter – VIP-Transporthubschrauber

Dieses Bezeichnungssystem vereinfachte streitkräfteübergreifend die Typerkennung und ist bis heute gültig.

Marine One

Das Entwicklungs- und Ausbildungskommando des US Marine Corps etablierte am 1. Dezember 1947 in Quantico, Virginia, die Staffel Marine Helicopter Squadron One, kurz HMX-1. Sie diente der Entwicklung sowie Erprobung von Einsatzkonzepten zum Transport von Marineinfanteristen plus Gerät ins vorgesehene Kampfgebiet und erhielt am 9. Februar 1948 ihre ersten beiden Hubschrauber: Sikorsky HO3S-1. Bis zum Ende des Monats folgten noch drei weitere dieser Maschinen. Im Mai 1948 realisierte HMX-1 mit diesen das erste Übersetzen von einem Schiff zur Küste mit insgesamt 66 Soldaten, eine Taktik, die für die Marines eine bis heute bedeutsame Ära einleitete. Im August kamen mit Bell HTL-1 sowie Piasecki HRP-1 neue Hubschraubertypen zum Verband, mit denen unter Lt-Col. Keith B. McCutcheon ab 1950 auch Abschüsse von ungelenkten Raketen sowie Bombenabwürfe getestet wurden. Mit Ausbruch des Koreakrieges wurden vier Hubschrauber an die Staffel VMO-6 überstellt, die ab der zweiten Jahreshälfte 1950 verschiedene Unterstützungsaufgaben um Busan über-

Erster speziell ausgestatteter Einsatzhubschrauber zur Beförderung des Präsidenten und seines Stabs war innerhalb von HMX-1 die Sikorsky VH-34. (Foto: National Museum of Naval Aviation Pensacola)

Schon Anfang der 1960er-Jahre stieg Marine One zur Beförderung des US-Präsidenten auf die VH-3A um. Aktuell steht die verbesserte VH-3D, hier im Bild, noch immer bei Marine One im Dienst. (Foto: Scott Rathbone)

nahmen. Außerdem wurden acht Offiziere von HMX-1 nach El Toro, Kalifornien überstellt, um im Januar 1951 die erste Hubschraubertransportstaffel HMR-161 zu formen. Hier sollten das ausgearbeitete Konzept unter reellen Einsatzbedingungen angewandt und neue Hubschrauberpiloten trainiert werden. Die Maßnahmen führten gleichzeitig dazu, dass mit dem Ende des Koreakrieges der Hubschrauber allgemein von den Militärs akzeptiert worden war. In den folgenden Jahren wurden, auch mit neuen Mustern, weitere Einsatztaktiken erarbeitet und vervollkommnet. Das schloss auch das Testen von dazugehöriger Ausrüstung bis hin zu unterschiedlichen Waffensystemen ein.

Der September 1957 markierte für HMX-1 den Beginn eines neuen Abschnitts, als der damalige Präsident Dwight D. Eisenhower – und damit der erste US-Präsident überhaupt – in einer dringenden Angelegenheit zum ersten Mal mit einem Marinehubschrauber UH-34D geflogen und direkt auf der Andrews Air Force Base als Heimatbasis der Air Force One-Präsidentenmaschine abgesetzt wurde. Der Präsident fand diese Art der Fortbewegung ausgesprochen schnell, sicher und vor allem zeitgemäß, sodass in der Folgezeit Hubschrauber von HMX-1 zu einem gewohnten Anblick in Washington wurden und regelmäßig den US-Präsidenten und seinen Stab, seine Familie oder auch ausländische Gäste fliegen durften. Daher wurde HMX-1 schon bald mit einer speziell ausgestatteten Variante, der VH-34D, ausgerüstet. Für die VIP-Einsätze wurde die Ausstattung dieser wie auch folgender, von HMX-1 verwendeter Hubschrauber komplexer, was unter anderem eine schalldichte, klimatisierte und komfortablere Kabine, verfeinerte und möglichst störungssichere Navigations- und Kommunikationsanlagen sowie erhöhte Sicherheitssysteme wie z.B. aufblasbare Notschwimmer am Fahrwerk einschloss. Später folgten speziell modifizierte Hubschrauber der Typen VH-1N, VH-3A und VH-3D, VH-46F und VH-60N für VIP-Einsätze in das Inventar von Marine One. Die VH-3 und VH-60 sind als »White Tops« an dem weißen Rumpfrücken unterhalb des Rotors zu erkennen und befördern als Executive Flight Detachement ausschließlich den Präsidenten, seinen Stab und seine Familie. Ab 2007 sollte die VH-71 als Variante des Agusta-Westland AW101 die VIP-Flüge übernehmen. Aus Kostengründen wurde der Auftrag über 23 Maschinen aber im Jahr 2009 nicht verwirklicht und stattdessen 2015 die Beschaffung der Sikorsky S-92 als VH-92A bekannt gegeben. Aktuell stehen derzeit noch die VH-3 und VH-60 im Dienst, für Überseeeinsätze werden sie für den Transport in Großraumtransportflugzeugen wie der C-5 Galaxy zum Teil zerlegt und am Zielort wieder zusammengebaut. Dort erfolgt ein Testflug, bevor der Präsident selbst eintrifft, wobei zur Abwehr von Anschlägen stets drei baugleiche Typen gleichzeitig unterwegs sind. Für logistische Aufgaben standen bis zur Übernahme des Kipprotorflugzeugs MV-22 Osprey auch VH-46F und VH-53D im Dienst. Für den Betrieb sind mehrere Hundert Marines und mindestens 70 Piloten bei HMX-1 beschäftigt. Bis 1976 teilten sich übrigens noch das Marine Corps und die US Army die Zuständigkeit für die VIP-Einsätze von HMX-1. Die Staffel ist auch als *The Nighthawks* bekannt.

Die Vertol VH-46 flog ebenfalls in der Staffel HMX-1 und dort Einsätze zur logistischen Unterstützung. Das fehlende Weiß auf der Rumpfoberseite zeigt, dass die VH-46 keine »White Tops« waren und somit nicht der Beförderung des Präsidenten, seiner engsten Mitarbeiter oder seiner Famile dienten. (Foto Andy Rush)

Inzwischen hat auch das Kipprotorflugzeug MV-22 Osprey Einzug ins Arsenal von HMX-1 gehalten. Logistische Unterstützung und VIP-Flüge gehören zu den Aufgaben der zwölf bei Marine One operierenden Maschinen. (Foto: Scott Rathbone)

Die VH-71 Kestrel auf Basis der Agusta-Westland AW101 hatte eigentlich schon das Rennen um einen neuen Präsidentenhubschrauber gemacht, doch immens gestiegene Kosten führten im Juni 2009 zur Auflösung des Vertrages. (Foto: US Navy)

Sikorsky VS-316 / HNS-1 Hoverfly

Aufbauend auf den Erfahrungen mit dem Versuchshubschrauber VS-300 und angeschoben durch das Interesse der US-Streitkräfte nach einem zweisitzigen Mehrzweckmuster entstand 1941 die VS-316A. Sie war größer als der Vorgänger und erhielt einen doppelt so starken Siebenzylinder-Sternmotor als Antrieb, besaß einen dreiblättrigen Hauptrotor aus Stahlrohrholmen sowie Holzbeplankung und aus aerodynamischen Gründen eine in Handarbeit gefertigte Bespannung aus Baumwollstoff. Am Heck gab es neben einem seitlich angebrachten Ausgleichsrotor einen zweiten auf dem Heckausleger zur Unterstützung der Steuerbarkeit in der Querachse. Dieser stellte sich aber als überflüssig heraus, sodass die Jahre zuvor von Sikorsky patentierte Anordnung mit Haupt- und seitlichem Heckrotor angewandt und zum Standard bei vielen weiteren seiner Hubschraubertypen werden sollte. Diese Anordnung wurde nachfolgend auch bei anderen Herstellern bevorzugt und gilt als konventionelle Bauweise. Ein dreiteiliges Steuerungssystem aus Rudern, Pedalen und Hebeln half dem Pilot den Anstellwinkel des Hauptrotors und den Heckrotor zu beeinflussen und damit den Flug in der Vertikalen zu ermöglichen. Weitere Merkmale der VS-316 waren eine verkleidete, mit zwei nebeneinander liegenden Sitzen und Doppelsteuer

Typ	**HNS-1 HOVERFLY**
Verwendung	Trainings- und Rettungshubschrauber
Besatzung	1
Triebwerk	ein Warner R-550-3 mit 149 kW
Hauptrotorkreisdurchmesser	11,58 m
Hauptrotorkreisfläche	105,30 m^2
Rumpflänge	10,80 m
Höhe	3,78 m
Leermasse	916 kg
Startmasse	max. 1153 kg
Höchstgeschwindigkeit	120 km/h
Steiggeschwindigkeit	3,3 m/s
Dienstgipfelhöhe	2438 m
Reichweite	220 km
Bewaffnung	optional bis zu drei 45-kg-Bomben

Während der Operation »Highjump« wurden erstmals Hubschrauber in die Antarktis verlegt. Mit dabei HNS-1 auf dem Kutter USCGC Northwind *und mit Schwimmern statt Fahrwerk ausgerüstet. (Foto: US Navy)*

Die US-Marineflieger erprobten mit der HNS-1 verschiedene Rettungsmethoden und -mittel, die für den Hubschraubereinsatz geeignet schienen. (Foto National Museum of Naval Aviation Pensacola)

ausgerüstete Kabine und einfach bereiften Hauptfahrwerksstreben daneben. Unter dem zunächst unverkleideten, später (fast) voll verkleideten Heckausleger gab es ein Stützrad. Eine zusätzliche Ausstattung mit aufblasbaren Schwimmern war möglich. Ebenso wurde das Mitführen von mehreren Kleinkaliberbomben ermöglicht.

Unter der militärischen Bezeichnung XR-4 begann zum Jahresende 1941 die Bodenerprobung in gefesseltem Zustand, am 14. Januar 1942 wurde die Flugerprobung eingeleitet. Die Maschine wurde dann im Mai vom Herstellerwerk in Stratford, Connecticut zum Wright Field in Dayton, Ohio, geflogen. Bei variierendem Wetter wurde die Distanz von gut 1200 km ohne Probleme in 16 Etappen absolviert. Auf zwei der Etappenflüge war Igor Sikorsky persönlich und zusammen mit einem Testpiloten an Bord, auf einem anderen Abschnitt wurde mit einer Flugzeit von 1h 50min ein inoffizieller Rekord aufgestellt. Zur Einsatzerprobung wurden weitere Exemplare als YR-4A und YR-4B gebaut, 1943 folgten Serienaufträge für die US Army Air Force und die US Navy. Eine erste YR-4B wurde am 16. Oktober 1943 der US Navy übergeben, nachdem Frank A. Erickson einen 60minütigen Testflug mit dem Hubschrauber durchgeführt hatte. Insgesamt drei Maschinen wurden im Oktober und November 1943 als HNS-1 bei der US Navy in Dienst gestellt, 22 weitere folgten 1944. Sie gelangten hauptsächlich zur Coast Guard Air Station Floyd Bennett Field, New York, um Hubschrauberpiloten zu trainieren und Einsatzkonzepte zu erarbeiten. Die vor Ort ansässige Küstenwache beschaffte sich zunächst eine YR-4B von der US Army Air Force und lieh sich drei weitere HNS-1 von der US Navy. Der Stückpreis einer HNS-1 betrug seinerzeit je 43.940 US-Dollar. Beinah zeitgleich war in Floyd Bennett Field die von Frank A. Erickson kommandierte Hubschrauberflugschule gegründet worden. Auf Schiffen demonstrierte er 1943 zahlreiche Starts und Landungen mit der HNS-1. Allein im Mai waren es 23 Starts und Landungen auf dem Tanker *USS Bunker Hill*, die bei unterschiedlichen Wetterkonditionen, mit Rücken- und mit Gegenwind, bei voller Fahrt oder während des Ankerns durchgeführt wurden. Bis zum Jahresende war mit gut 300 Starts und Landungen die Tauglichkeit zum bordgestützten Einsatz nachgewiesen. Das Schulen von Hubschrauberpiloten wurde zur Hauptaufgabe der HNS-1, aufgrund der einfachen Steuerung benötigten manche Kadetten nur wenige Stunden zur Ausbildung und dem Beherrschen der Technik. Neben Angehörigen der US-Streitkräfte wurden auch britische Piloten und Mechaniker trainiert, denn auch Royal Air Force und Navy übernahmen den Hubschrauber in einer Größenordnung von etwa 50 Exemplaren als Hoverfly I. Als Hubschrauber flog die HNS-1 auch die ersten U-Boot-Abwehr-Patrouillen, die ersten Rettungseinsätze oder übernahm im Mai 1944 auch erstmals die Bergung eines Menschen mittels Seilwinde. Die Marineflieger erprobten nachfolgend verschiedene Typen von Rettungs-

Das Cockpit der HNS-1 mutet heute sehr simpel an, dafür beherrschten die Kadetten damals die Steuerung schon nach kurzer Zeit. (Foto: National Museum of Naval Aviation Pensacola)

winden und Rettungsmethoden. An Bord des Schiffes *USCGC Northwind* gelangte die HNS-1 im Januar 1947 als einer der ersten Hubschrauber überhaupt in die Antarktis und startete von dort aus zur US-Polarstation Little America IV.
Insgesamt wurden 131 HNS-1 hergestellt, weshalb man gelegentlich auch vom ersten in Großserie gebauten Hubschrauber spricht. US Navy und Coast Guard flogen die HNS-1 bis zum Jahresende 1947.

Einsatzstaffeln:
VX-3

Dieses Exemplar der HNS-1 ist im Naval Aviation Museum Pensacola zu sehen und befindet sich in einem ausgezeichneten Zustand. (Foto: Heiko Thiesler)

Sikorsky S-49 / R-6 / HOS-1 Hoverfly II

Die Zuordnung von Typenbezeichnungen der frühen amerikanischen Hubschrauber ist nicht ganz einfach, ein gutes Beispiel ist die S-49. S-49 (Sikorsky Model 49) ist die Firmenbezeichnung, die ursprünglich, bis zur Trennung von Vought und Sikorsky am 1. Januar 1943 VS-316B (Vought-Sikorsky Model 316B) lautete. Sie flog noch vor der R-5, wurde aber in der Serienversion bei der US Army Air Force R-6A, ab 1948 als H-6A bezeichnet. Prototypen und Vorserienmaschinen hießen dementsprechend XR-6, XR-6A und YR-6A. Weiterentwickelte Varianten als R-6B und R-7 wurden nicht gebaut, die Version der Marineflieger wurde dagegen als XHOS-1 getestet und dann als HOS-1 in Dienst gestellt. Der Zusatzname Hoverfly II war eher inoffiziell und wurde von den britischen Exportmaschinen übernommen.

Die S-49 wurde im Gegensatz zum Vorgänger nicht mehr mit Stoff bespannt, sondern hauptsächlich in Metallbauweise mit Kunststoffanteilen hergestellt und erhielt einen neu entworfenen Rumpf mit verlängertem, stromlinienförmig gestaltetem Heckausleger aus Leichtmetall. Hier befand sich auch der Heckrotor mit drei Blättern aus Holz. Der Rumpfbug bestand

Typ	**HOS-1 HOVERFLY II**
Verwendung	Trainings- und Rettungshubschrauber
Besatzung	1
Triebwerk	ein Franklin O-405-9 mit 180 kW
Hauptrotorkreisdurchmesser	11,58 m
Hauptrotorkreisfläche	105,30 m²
Rumpflänge	11,70 m
Höhe	3,20 m
Leermasse	923 kg
Startmasse	max. 1315 kg
Höchstgeschwindigkeit	154 km/h
Steiggeschwindigkeit	4 m/s
Dienstgipfelhöhe	3048 m
Reichweite	490 km

Schon rein äußerlich vermittelt die HOS-1 einen aerodynamisch ausgereifteren Eindruck als vorherige Hubschrauber. (Foto: US Navy)

aus geformten Plexiglasteilen und bot eine gute Sicht. Es gelangte ein stärkerer Sechszylinder-Motor mit Lüfterkühlung zum Einbau, der dreiblättrige Hauptrotor und das Planetengetriebe wurden allerdings vom Vorgänger übernommen. Die Kabine bot wiederum zwei Personen nebeneinander Platz, möglich war die Einrüstung eines dritten Sitzes. Hinter der Kabine wurde die Kurbelwelle vertikal eingebaut, außerdem wurden hier Kraftstoff- und Hydraulikölbehälter untergebracht. Das feste Fahrwerk mit zwei Hauptstreben und zwei unter Bug sowie Heckausleger befindlichen Stützrädern wurde tiefer angelegt. Statt diesem konnten auch zwei Schwimmer angebracht und somit vom Wasser aus operiert werden, während spätere, bei der Küstenwache verwendete Exemplare aufblasbare Notschwimmer an den Hauptstreben erhielten. Bei diesen Hubschraubern konnten auch Rettungswinde und Vorrichtungen zum Anbringen zweier Krankentragen an den Rumpfseiten zum Einsatzinventar gehören.

Am 15. Oktober 1943 hatte der Prototyp XR-6 seinen Erst-

Diese Aufnahme verdeutlicht das tatsächliche Platzangebot in der HOS-1, wo zwei Personen nebeneinander im Cockpit sitzen konnten. (Foto: US Coast Guard)

Zum Simulieren von Decksoperationen auf Schiffen befindet sich diese HOS-1 der US Navy auf einer beweglichen Übungsplattform, welche zu diesem Zeitpunkt in Lakehurst, New Jersey, stand. (Foto: National Museum of Naval Aviation Pensacola)

Aufgereiht sind hier mehrere HOS-1 der Erprobungsstaffel VX-3 auf der Naval Air Station Lakehurst, New Jersey. (Foto: National Museum of Naval Aviation Pensacola)

flug gemacht, nachfolgend in der Flugerprobung unterstützt von fünf weiteren XR-6A-Testmaschinen. Einer dieser Hubschrauber absolvierte am 2. März 1944 einen Nonstopflug von Washington D.C. nach Dayton, Ohio, am Steuer saß dabei Testpilot H.F. Gregory. Die 630 km lange Strecke wurde in 4h 55min mit durchschnittlich 128 km/h geflogen, was neue Bestleistungen für einen Hubschrauber waren und als inoffizielle Rekorde geführt wurden. Ab 1945 lief die Serienproduktion und führte einschließlich der Vorserienexemplare YR-6A zu einem Ausstoß von insgesamt 225 Maschinen, wobei die Nash-Kelvinator Corp. als Lizenznehmer mit 219 die meisten davon in Detroit, Michigan, montierte. Nash-Kelvinator war 1937 durch die Fusion des in Wisconsin ansässigen Automobilherstellers Nash sowie des hauptsächlich für seine Großküchengeräte bekannten Unternehmens Kelvinator aus Michigan entstanden und existierte in dieser Form bis in die 1950er-Jahre. Hier baute man auch Hamilton Standard-Propeller sowie Pratt & Whitney-Motoren in Lizenz und nun sollten nach den ursprünglichen Plänen 900 der Sikorsky-Hubschrauber vom Band laufen. Doch mit dem Ende des Zweiten Weltkrieges im August 1945 wurde die Produktion letztlich drastisch gekürzt. Die Entscheidung zur Lizenzfertigung bei Nash-Kelvinator wurde von der US Army Air Force gefällt und von Sikorsky nur widerwillig akzeptiert. Obwohl in der Hubschrauberproduktion selbst voll ausgelastet, hielt er nicht viel von einem gewissen Technologietransfer und verzögerte die Produktion durch immer wieder neue Designänderungen. Sikorsky lieferte Rotor und Rotorblätter, Getriebe und weitere Antriebselemente für den R-6 nach Detroit.

Die US Navy erhielt bereits Ende 1943 von der US Army Air Force drei Prototypen und testete diese als XHOS-1, ab 1945 gefolgt von 36 Serienmaschinen HOS-1. Wie der Vorgänger HNS-1 dienten auch sie hauptsächlich der Schulung von Piloten und der praktischen Umsetzung erarbeiteter Einsatzschemen, auch von Schiffen aus. Vier HOS-1 befanden sich von Juli bis Oktober 1946 an Bord des Geleitflugzeugträgers *USS Saidor* (CVE-117) und halfen Daten bei Atombombentests im Bikini-Atoll zu sammeln.

Insgesamt 27 der HOS-1 wurden ab September 1944 der Küstenwache überstellt und von der US Coast Guard Air Station Floyd Bennett Field, New York, aus eingesetzt. Einer dieser Hubschrauber erregte Aufsehen, als er sich im September 1946 nach einem Crash einer belgischen Passagiermaschine rund 40 km südwestlich vor dem kanadischen Gander, Neufundland, umgehend an der Rettungsaktion beteiligte und mehrere der Fluggäste lebend bergen konnte. Aufgrund der Rettungsaktionen wurde die beteiligte HOS-1 »Gander Express« genannt. Eine HNS-1 war übrigens auch in die Rettungsaktion involviert, musste aber von der weiter entfernten CGAS Elizabeth City, North Carolina teils demontiert und an Bord eines Frachtflugzeugs zur Unglücksstelle geflogen und nachfolgend für die Rettungsflüge wieder zusammen gesetzt werden. Navy und Küstenwache behielten die HOS-1 bis 1948 bzw. 1949 in ihrem Einsatzinventar.

Einsatzstaffeln:
VX-3

Sikorsky S-51 / HO3S Dragonfly

Am 18. August 1943 war Sikorsky's S-48 erstmals geflogen, ein zweisitziger Hubschrauber, der praktisch die moderne Konzeption, Vielseitigkeit sowie Leistungsfähigkeit der amerikanischen Drehflügler mit anschob und 1946 mit mehreren Weltrekorden in Bezug auf Strecke, Flughöhe und Geschwindigkeit glänzte. 65 gebaute Exemplare fanden hauptsächlich als R-5 bei der Army Air Force Verwendung, nur zwei Maschinen wurden ab Ende 1945 als HO2S-1 von der US Navy und Coast Guard bewertet. Immerhin führte eine HO2S-1 am 22. Mai 1946 die ersten operationellen Tests mit einem am Bug montierten Tauchsonar des Typs Hayes XCF für die U-Boot-Suche vor der Küste Floridas durch. Die Tests liefen über einen Zeitraum von drei Monaten und lieferten gute Ergebnisse ab, Piloten und Sonarbediener kamen von der Küstenwache. Für weitere Aufgaben einschließlich der Luftrettung suchte man ein Muster mit größerem Platzangebot. Das führte zur Anschaffung der äußerlich sehr ähnlich gearteten HO3S-1 (Werksbezeichnung S-51), nachdem die Flugerprobung des Musters am 16. Februar 1946 aufgenommen worden war. Noch im selben Jahr erhielt die US Navy die ersten Maschinen, bis 1950 wur-

Typ	HO3S-1 DRAGONFLY
Verwendung	Mehrzweckhubschrauber
Besatzung	1
Triebwerk	ein Pratt & Whitney R-985-AN-5 mit 335 kW
Hauptrotorkreisdurchmesser	14,94 m
Hauptrotorkreisfläche	168,15 m²
Rumpflänge	12,45 m
Höhe	3,96 m
Leermasse	1725 kg
Startmasse	max. 2494 kg
Höchstgeschwindigkeit	165 km/h
Steiggeschwindigkeit	5,1 m/s
Dienstgipfelhöhe	3100 m
Reichweite	450 km

Noch während der Koreakrieg tobt, befindet sich diese HO3S-1 auf dem von April bis Oktober 1953 in Fernost kreuzenden Schlachtschiff USS New Jersey *und hat gerade Starterlaubnis erhalten. (Foto: US DoD)*

Die US-Küstenwache hatte das Potenzial des Hubschraubers frühzeitig erkannt und lieferte für seinen Einsatz zahlreiche nützliche Innovationen ab. Eine HO3S-1G demonstriert 1954 auf der NAS New Orleans, Louisiana, vor großem Publikum ihre Fähigkeiten als Rettungshubschrauber. (Foto: National Museum of Naval Aviation Pensacola)

den insgesamt 90 HO3S-1 zu einem Stückpreis von jeweils etwa 92.000 US-Dollar gekauft. Davon übernahm das Marine Corps, zuerst HMX-1, zwischen 1948 und 1955 insgesamt 30 Stück, die US-Küstenwache erhielt neun Exemplare.

Vier HO3S-1 der US Navy erfuhren große Beachtung als sie neben HNS-1 der Küstenwache Anfang 1947 und innerhalb der »Operation Highjump« als erste Hubschrauber in der Antarktis eingesetzt wurden. Hier ging es offiziell um Forschung und Kartografierung, doch waren innerhalb der von Admiral Richard E. Byrd als Task Force 68 geführten Verbände neben Flugzeugträger, U-Boot und weiteren elf Kriegsschiffen sowie Flugzeugen auch mehrere tausend Soldaten beteiligt und demonstrierten Einsatzstärke unter extremen Umweltbedingungen. Schon bald machten HO3S als »Fleet Angels« auch durch Rettungsflüge für abgestürzte Flugzeugbesatzungen von sich reden, erstmals im Februar 1947 von der *USS Franklin D. Roosevelt* aus. Im Mai 1948 schrieben fünf HO3S-1 des Marine Corps-Verbandes HMX-1 Geschichte, als sie während der »Operation Packard II« insgesamt 66 Marineinfanteristen von Schiff zu Land transportierten und dort absetzten. Sie leiteten damit eine neue Ära beim Einsatz dieser US-Teilstreitkraft ein, die bereits ab Ende 1946 ausgearbeitet wurde und in stetig weiterentwickelter Form als Teil amphibischer Anlandungen bis heute Bestand hat.

Die US Navy stationierte Hubschrauber dieses Typs auf Flugzeugträgern, Schlachtschiffen, Flugboot-Tendern und ande-

ren Einheiten, die Küstenwache mehrfach auf Eisbrechern. Sie dienten Rettungs-, Transport- und Erkundungsflügen, überwachten Schifffahrtsrouten sowie Kommunikationsleitungen und spielten einen wichtigen Part im Koreakrieg. Hier übernahmen sie das Plane Guard für die Flugzeugträgergeschwader und flogen anderenorts teilweise Rettungsmissionen bis tief ins koreanische Hinterland, um Verwundete zu transportieren. Die ersten waren HO3S-1 der Staffel HU-1 der Navy und kamen ab Sommer 1950 mit den Flugzeugträgern *USS Valley Forge* und *Philippine Sea* ins Kriegsgebiet. Mitunter halfen die Hubschrauber auch bei der Zielzuweisung für die vor der koreanischen Küste operierenden Kriegsschiffe oder suchten dasselbe Terrain nach Seeminen ab. Die Staffel VMO-6 von den Marines setzte seine HO3S erstmals ab August 1950 und nachfolgend vor allem von Landbasen aus ein. Sie absolvierten neben Beobachtungs- und Verbindungsmissionen zum Teil auch das Legen von Erdkabeln zur Kommunikation im Kriegsgebiet. Gleichfalls gehörten Verwundetentransporte zu den Aufgaben, bis Ende des Jahres konnten 23 abgeschossene Piloten durch VMO-6 über dem Festland gerettet werden. Tausende weitere Einsätze folgten, aber auch der Verlust von acht HO3S-1 von VMO-6 durch gegnerischen Beschuss sowie Unfälle.
Das Marine Corps begann bereits während des Koreakriegs die HO3S-1 durch neuere und leistungsstärkere Muster zu ersetzen. Im operationellen Einsatz schied der Hubschrauber bei der US Navy im November 1954 aus dem Dienst, einige Maschinen wurden aber noch für kleinere Aufgaben in der Nähe ihrer Standorte bis 1957 einsatzbereit gehalten. Bei der Küstenwache flogen HO3S-1G ebenfalls bis 1957.
Die HO3S-1 zeichnete sich durch eine weiter fortgeschrittene Konstruktion aus, schloss die Ganzmetallbauweise und die Verwendung eines dreiteiligen, festen Fahrgestells in Bugradanordnung ein. In Zusammenarbeit mit der Küstenwache wurden zudem Schwimmer angebaut, die bei Wasserungen innerhalb von 30 Sekunden aufgeblasen werden konnten. Die Küstenwache machte sich auch für die Ablösung der bis 1950 verwendeten Hauptrotorblätter aus Metall- und Holzelementen, ergänzt um eine Stoffbespannung durch komplett aus Metall hergestellte Blätter stark, da diese widerstandsfähiger und zuverlässiger bei extremen Wettersituationen waren. Der Heckrotor der HO3S-1 hatte wie der Hauptrotor drei Blätter, allerdings waren diese aus Holz. Die Steuerung erfolgte mechanisch und wurde später durch ein hydraulisch angetriebenes Servosystem unterstützt, den Antrieb des Hubschraubers leistete ein in der Rumpfmitte platzierter Sternmotor. Während die Kabine des Vorgängers HO2S-1 zwei Sitze in Tandemanordnung besaß, verfügte die HO3S-1 im vergrößerten Rumpf neben dem Pilotensitz über drei weitere. Statt Passagieren konnte Fracht und als Außenlast an einem Haken bis zu 250 kg transportiert werden. Die großzügige Verglasung erlaubte dabei eine ausgezeichnete Sicht. Zum Verwundetentransport wurden

Ein Landing Signal Officer (LSO) gibt dem Piloten dieser HO3S Anweisungen zur Landung auf einem Schiff der US Navy. Der Hubschrauber gehört zur Staffel HU-1. (Foto: National Museum of Naval Aviation Pensacola)

Rettungskapseln seitlich am Rumpf angebracht, auf der Backbordseite konnte zudem eine Rettungswinde installiert werden.

Einsatzstaffeln (Auswahl):
HU-1, 2
HTU-1
HMX-1
VMO-6
VU-7, 10
VX-3

Ab Spätsommer 1950 kam diese HO3S-1 der Marine Corps-Einheit VMO-6 im Koreakrieg zum Einsatz. Die Kabine ist geöffnet, hinter dem Piloten fanden bis zu drei weitere Personen Platz. (Foto: US DoD)

Natürlich ist das Fliegen eines Hubschraubers anspruchsvoll und neben technischen Defekten können unvorhergesehene Situationen wie Wetterumschwünge oder Pilotenfehler zu Unfällen führen wie hier im Bild an einer HO3S-1 zu sehen. (Foto: US Navy)

Piasecki PV-3 / HRP-1 Flying Banana

Der Spitzname »Flying Banana« (»Fliegende Banane«) trifft es schon ziemlich gut, sieht man sich die HRP-1 aus einiger Entfernung an. Der geschwungen wirkende Rumpf, an dessen Enden die beiden Rotoren platziert wurden, ließen eigentlich keine andere Assoziation zu.
Die HRP-1 wurde unter der Firmenbezeichnung PV-3 ab 1943 entwickelt. Piasecki hatte zuvor unterschiedliche Anordnungen der Rotoren untersucht und hielt letztlich die Tandembauweise für die effizienteste. So brauchte der einzelne, im hinteren Rumpfabschnitt untergebrachte Neunzylinder-Sternmotor keine Leistung auf einen zusätzlichen Heckrotor abzugeben. Über Getriebe und Antriebswelle miteinander gekoppelt, liefen die beiden gleich großen Rotoren synchron, aber gegenläufig. Das System der Tandemrotoren erzeugte gute Leistungen und versprach bei Lastentransporten sowie Kranflügen Vorteile. Die US Navy war interessiert und bestellte 1944 einen Prototyp als XHRP-X. Mit diesem unternahm Frank Piasecki persönlich am 7. März 1945 den Erstflug. Der Hubschrauber bestand zunächst im Wesentlichen aus dem Antriebs- und Steuerungssystem, einem dreiteiligem Fahrwerk und einem Stahlrohrgerüst mit ein bis drei Sitzen. Die Erprobungsflüge offenbarten schnell einige Schwächen inklusive einem raschen Verschleiß im Antriebsbereich und machten Upgrades nötig. Die in zwei Exemplaren bestellte XHRP-1, eine davon für statische Tests am Boden, erschien ausgereifter, war strukturell verstärkt sowie vollständig am Rumpf mit Stoff bespannt und verglast. Zudem kamen am Heck Höhenflossen sowie an deren Enden große vertikale Stabilisierungsflächen zur Anwendung. Zu jener Zeit galt die XHRP-1 als weltweit größter Hubschrauber, bot Platz für zehn Passagiere oder acht vollausgerüstete Soldaten oder sechs Krankentragen. Sie konnte eine Nutzlast von 800 kg aufnehmen.
Schließlich wurden insgesamt 20 Serienmaschinen als HRP-1 bestellt, von denen die erste ab August 1947 flog und die letzte 1950 übergeben wurde. Die beeindruckenden Hubschrauber gelangten zunächst an die Entwicklungsstaffeln von Navy und Marine Corps, VX-3 und HMX-1, um verschiedene Einsatzkonzepte auszutesten. Sie eigneten sich schließlich vorwiegend als Transport-, Absetz- und Rettungshubschrauber. Ab 1948 erfolgten vom Naval Air Test Center Patuxent River, Maryland sowie der Naval Air Station Key West, Florida aus zudem Erprobungen als U-Boot-Abwehr-Hubschrauber und

Typ	HRP-1 FLYING BANANA
Verwendung	Mehrzweckhubschrauber
Besatzung	1–2
Triebwerk	ein Pratt & Whitney R-1340-AN-1 mit 441 kW
Rotorkreisdurchmesser	je 12,50 m
Rotorkreisfläche	je 122,80 m^2
Rumpflänge	14,60 m
Höhe	4,52 m
Leermasse	2287 kg
Startmasse	max. 3150 kg
Höchstgeschwindigkeit	161 km/h
Steiggeschwindigkeit	4,8 m/s
Dienstgipfelhöhe	2600 m
Reichweite	480 km

Diese Aufnahme zeigt Marineinfanteristen, die per Strickleiter ins Innere der HRP-1 klettern und so die Bergung aus der Kampfzone simulieren. Ebenso zeigt das Bild unzweifelhaft, wie das Muster zu seinem Spitznamen »Fliegende Banane« kam. (Foto: National Museum of Naval Aviation Pensacola)

Die Staffel VX-3 demonstriert hier den Außenlasttransport mit einer HRP-1, in diesem Fall eines leichten Geschützes. (Foto: National Museum of Naval Aviation Pensacola)

der dazu passenden Sonar-Einsatztechniken. Des Weiteren wurden Minenräumeinsätze geflogen. Während dieser Missionen musste aus der Nähe zum Wasser, aus Gewichtsgründen und wegen Leistungsabfall in geringer Flughöhe die Stoffbespannung am Rumpf entfernt werden. Im Juni 1949 flog eine HRP-1 der Staffel HU-2 den ersten Rettungseinsatz und brachte einen verletzten Matrosen in das St. Albans Marinehospital in New York. Ebenfalls 1949 demonstrierte das Marine Corps im Mai amphibische Anlandungen. In einer ersten Welle wurden dabei 56 voll ausgerüstete Marineinfanteristen von sechs HRP-1 abgesetzt, in einer zweiten wurden Artilleriegeschütze ins Manövergebiet befördert. Kurz darauf wurde eine ähnliche Übung, allerdings mit noch mehr Soldaten, acht HRP-Hubschraubern und vom Flugzeugträger *USS Palau* (CVE-122) aus absolviert. Sie bestätigten praktisch die Nützlichkeit von Hubschraubern bei amphibischen Anlandungen und halfen, entsprechende Einsatztaktiken zu verfeinern. Mitte des Jahres 1950 wurden Waffentests mit dem Hubschrauber durch HMX-1 durchgeführt, seitlich am Rumpf mitgeführte 60-mm-Raketen abgefeuert und Bomben aus bis zu 2400 m Höhe abgeworfen.

Die US Coast Guard erhielt ab November 1948 drei HRP-1, deren Heimatstandort die Air Station Elizabeth City, North Carolina wurde. Nach Angaben der Küstenwache betrug der Stückpreis knapp 257.000 US$. Die drei Maschinen wurden meistens von einer zweiköpfigen Crew geflogen und konnten bis zu acht gerettete Personen aufnehmen. Zum Einsatzequipment zählte daher eine Rettungswinde. Die Küstenwache stellte ihre »Flying Bananas« 1952 aus dem Dienst, bei der Navy verblieben sie dort bis Februar 1953 und auch die Marines beendeten im selben Jahr den Einsatz mit diesem Hubschrauber.

Einsatzstaffeln (Auswahl):
HMX-1
HU-2
VX-3

Optional konnte die HRP-1 auch mit Schwimmern am Fahrwerk versehen werden, die einen Einsatz auf ruhigen Gewässern ermöglichten. (Foto: National Museum of Naval Aviation Pensacola)

Bis 1952 hatte die US Coast Guard drei HRP-1 im Einsatz. (Foto: National Museum of Naval Aviation Pensacola)

Bell HTL / H-13 Sioux

Die Firma Bell hatte mit ihrem Versuchshubschrauber Model 30 das Konzept mit Haupt- und seitlich am Heck angebrachtem Ausgleichsrotor ab 1943 im Flug erprobt und sah es für eine Neuentwicklung, dem Model 47, als ebenso nützlich an. Dieser Hubschrauber sollte für das Unternehmen letztlich eines der erfolgreichsten und ebenso bekanntesten Einsatzmuster werden. Bekannt wurde der Typ vor allem durch seine große, blasenförmige Plexiglaskabine (scherzhaft auch »Goldfischaquarium« genannt) sowie das nachfolgende, unverkleidete Stahlrohrgerippe des Rumpfes als äußeres Erscheinungsbild, das sich über Generationen als typisch amerikanischer Hubschrauber einprägte. Anteil daran hatte sicher auch eine US-Fernsehserie namens »MASH« für Mobile Army Surgery Hospital, wo der Bell-Hubschrauber (von der US Army) im Koreakrieg zum Verwundetentransport eingesetzt wird. Ein weiteres Charakteristikum war außerdem der zweiblättrige, halbstarre und aus Metall gefertigte Hauptrotor mit einem rechtwinklig dazu angelegten Stabilisator und zwei stromlinienförmigen Gegengewichten daran, die bei den Bell-Hubschraubern für das typisch klopfende Geräusch bei drehendem Rotor ver-

Typ	HTL-2 SIOUX
Verwendung	Trainings-, Verbindungs- und Rettungshubschrauber
Besatzung	1+1
Triebwerk	ein Franklin O-335-5 mit 147 kW
Hauptrotorkreisdurchmesser	10,72 m
Hauptrotorkreisfläche	90,25 m²
Rumpflänge	8,33 m
Höhe	2,79 m
Leermasse	626 kg
Startmasse	max. 943 kg
Höchstgeschwindigkeit	147 km/h
Steiggeschwindigkeit	5,8 m/s
Dienstgipfelhöhe	3965 m
Reichweite	342 km

Die Bell 47 zeichnete sich durch eine markante Plexiglaskabine aus, scherzhaft auch »Goldfischaquarium« genannt. Für Wartungsarbeiten sind die Rotorblätter dieser TH-13 entfernt, gut zu sehen ist der unter dem Rotor befindliche Stabilisator mit seinen Gegengewichten an den Spitzen. Die Rotorkonstruktion erzeugte die typischen Klopfgeräusche der Bell-Hubschrauber. (Foto: National Museum of Naval Aviation Pensacola)

Die Baureihen HTL-1 und -2 besaßen einen verkleideten Rumpf sowie ein vierteiliges Fahrwerk. (Foto: National Museum of Naval Aviation Pensacola)

antwortlich waren. Der Heckrotor verfügte ebenfalls über zwei Blätter. Den Antrieb übernahm ein Sechszylinder-Boxer-Motor, welcher je nach Baureihe zwischen 131 und 147 kW leistete und direkt hinter der Kabine eingebaut war. Kufen kamen statt einem Fahrwerk zur Anwendung, lediglich für Bewegungen am Boden gab es ausklappbare Räder.

Die Bell 47 vollführte am 8. Dezember 1945 ihren Erstflug und erhielt im Folgejahr als erster Hubschrauber überhaupt eine zivile Luftfahrtzulassung. Im gleichen Jahr bestellte die US Navy das Model 47A und vergab die Dienstbezeichnung HTL-1 mit der Lieferung von zehn dieser Maschinen im Jahr 1947. Nach VX-3 wurden sie 1948 auf die beiden Staffeln HU-1 und HU-2 aufgeteilt und auch die Küstenwache nutzte zwei der HTL-1 für Überwachungsflüge über New Yorks Hafenanlagen. Im August 1948 erhielt auch die Marines-Staffel HMX-1 in Quantico, Virginia die ersten HTL-Hubschrauber. Sie dienten in erster Linie der Schulung von Piloten, später aber auch Verbindungs- und Rettungsflügen. 1949 wurden für die gleichen Einsatzzwecke zwölf Bell 47D als HTL-2 in Dienst gestellt, im nächsten Jahr neun HTL-3 mit stärkerem Motor. Größere Stückzahlen orderten die Marineflieger schließlich von den Baureihen HTL-4 und HTL-5. Die Marines schickten hauptsächlich HTL-4 in den Koreakrieg und ein erster Einsatz wurde am 2. Januar 1951 von der Staffel VMO-6 geflogen. Sie absolvierten Beobachtungs- und Verbindungsflüge, legten Kommunikationsleitungen und beförderten beiderseits des Rumpfes Verwundete auf Tragen. Hier lösten sie bis 1952 die HO3S-1 ab und flogen tausendfache Einsätze, auch bei Nacht. Sie schienen für diese Missionen besser als die Sikorsky-Hubschrauber geeignet zu sein, zeigten aber auch einige Schwächen etwa beim Antrieb, der Bordelektrik und letztlich Wartung auf. Während des Konflikts verloren die Marines zehn HTL-4 durch Unfälle sowie die Luftabwehr des Gegners, ihre Anzahl insgesamt hatte sich bis zum Kriegsende stark verringert.

Alle Einsatzvarianten der Marineflieger konnten mit Schwimmern ausgestattet werden, im Bild eine HUL-1 der US Navy. (Foto: National Museum of Naval Aviation Pensacola)

Die Navy verlegte das Hubschraubertraining ab Ende 1950 auf die Naval Air Station Whiting Field in Florida und stellte den Trainingsverband HTU-1 auf. HTL-Helis schulten hier Piloten von Navy, Marines und Coast Guard im Basis- sowie Fortgeschrittenentraining. Die US-Küstenwache übernahm eine mit Schwimmern ausgerüstete HTL-4 von der Navy und setzte sie über Alaska ein. Von der HTL-5 hingegen erwarb die Coast Guard schon 1952 drei Maschinen, der Stückpreis betrug offiziell 49.290 US-Dollar. Sie erledigten verschiedene Aufgaben und wurden 1960 außer Dienst gestellt. Kritik gab es an der geringen Reichweite und dem Platzangebot. Das sollte sich mit der Baureihe HTL-6 ändern, eine aus der zivilen Bell 47G abgeleiteten Variante mit drei Sitzen. 1955/56 kaufte die US Navy 48 dieser Hubschrauber, die ab 1962 mit TH-13M bezeichnet wurden. Beinah zeitgleich erfolgte die Lieferung von 28 HUL-1 (UH-13P ab 1962) als Ableitung der viersitzigen Baureihe Bell 47J. Sie verfügten über einen voll verkleideten Rumpf aus Leichtmetall und konnten mit Rädern, Kufen oder Schwimmern versehen werden. Das Startgewicht stieg auf bis zu 1340 kg an, der Rumpf war gut 1,30 m länger. Mit einem 191 kW leistenden Lycoming-Motor VO-435-B-1 wurde eine Maximalgeschwindigkeit von 169 km/h erzielt, die Reichweite betrug bis zu 460 km. HUL-1 dienten in der Mehrzweckrolle und wurden auch unter extremen Bedingungen von Eisbrechern aus eingesetzt. Zwei Maschinen erhielten 1961 einen verstärkten Antrieb in Form eines Allison T63-A-3 mit 230 kW Leistung und wurden HUL-1M, ab 1962 UH-13R genannt. Von 1959 bis 1967 nutzte die Küstenwache zwei Maschinen als HUL-1G (HH-13Q ab 1962), um meistens von Schiffen aus Wasserstraßen zu überwachen. Zwei Schwimmer unter dem Rumpf gehörten dabei zur Ausstattung.

Bereits 1955 hatte die US-Marine noch sechs zweisitzige H-13D von der US Army übernommen. Neue Maschinen kamen drei Jahre später in Form von 18 HTL-7 (TH-13N ab 1962)

und zugleich als Finalvariante zur Auslieferung. Auch diese, auf der zivilen Bell 47K basierenden Hubschrauber verfügten über die größere Kabine mit vier Plätzen sowie den voll verkleideten Rumpf. Mit Allwettereinsatzfähigkeit versehen wurde die HTL-7 als Instrumententrainer beim Trainingsverband HTU-1 in Dienst gestellt. Die US Coast Guard flog zwei dieser Maschinen von 1959 bis 1967, dort änderte sich ihre Bezeichnung 1962 in HH-13N. Die letzten Sioux-Hubschrauber wurden bei den Marinefliegern, genauer dem Trainingsverband HT-8 bis Juni 1973 eingesetzt.
Die weithin bekannten Bell-Helikopter wurden in zahlreichen Varianten und zu Tausenden hergestellt, im zivilen und militärischen Sektor geflogen und konnten auch einige Rekorde aufstellen. Die US-Marineflieger nahmen nach offiziellen Angaben 154, anderen Quellen zufolge über 200 Maschinen der oben beschriebenen Baureihen ab.

Einsatzstaffeln (Auswahl):
HC-4
HMX-1
HS-1, 2, 3, 4
HT-8
HU-1, 2
HTU / HTG-1
VMO-1, 2, 6
VU-2
VX-3

Diese HTL-7 befindet sich auf einem Eisbrecher der US-Küstenwache, die zwei der allwettertauglichen Hubschrauber in ihrem Bestand hatte. 1962 änderte sich ihre Bezeichnung in HH-13N. (Foto: National Museum of Naval Aviation Pensacola)

Sikorsky S-52-3 / HO5S-1

Unter der Firmenbezeichnung S-52 entwickelte Sikorsky einen kleinen kompakten Hubschrauber und leitete am 12. Februar 1947 die Flugerprobung ein. Ein gutes Jahr später beeindruckte der Hubschrauber mit seinen Flugleistungen und stellte im März 1948 einen Höhenweltrekord mit 6472 m auf. Im April und Mai folgten zwei Geschwindigkeitsweltrekorde mit 208,5 km/h auf einer geschlossenen 3-km-Strecke sowie 197,4 km/h auf einer 100-km-Strecke. Im nächsten Jahr glänzte er dann als erster Drehflügler mit mehreren geflogenen 360-Grad-Loopings. Zwei Piloten absolvierten dabei am 9. Mai 1949 innerhalb von 45 min gleich zehn Loopings. Die S-52 war zudem der erste amerikanische Hubschrauber, dessen Blätter an Haupt- und Heckrotor komplett aus Metall, in diesem Fall aus Aluminium-Stahl-Legierungen, hergestellt wurden. Schlussendlich konnte er die Streitkräfte nicht überzeugen, in das Einsatzinventar übernommen zu werden. Daran war hauptsächlich das mangelnde Platzangebot im Hubschrauber schuld und führte zur Überarbeitung des Entwurfs. Neben einem stärkeren Sechszylinder-Boxermotor von Franklin, dessen Leistung von 131 auf 180 kW gesteigert wurde, betraf dies vor allem die Ka-

Typ	**HO5S-1**
Verwendung	Beobachtungs-, Verbindungs- und Rettungshubschrauber
Besatzung	1–2
Triebwerk	ein Franklin O-425-1 mit 180 kW
Hauptrotorkreisdurchmesser	10,06 m
Hauptrotorkreisfläche	79,40 m²
Rumpflänge	8,35 m
Höhe	2,64 m
Leermasse	749 kg
Startmasse	max. 1226 kg
Höchstgeschwindigkeit	176 km/h
Steiggeschwindigkeit	6,6 m/s
Dienstgipfelhöhe	4730 m
Reichweite	665 km

Unter dem Firmennamen S-52-3 und der Dienstbezeichnung HO5S-1 wurde dieser leichte Kompakthubschrauber ab März 1952 an das US Marine Corps geliefert. Markant das abfallende Heck sowie die beiden nach unten weisenden Stabilisierungsflossen. (Foto: National Museum of Naval Aviation Pensacola)

Die HO5S-1 war der erste amerikanische Hubschrauber, dessen Haupt- und Heckrotor von Beginn an aus Metall gefertigt wurde. (Foto: National Museum of Naval Aviation Pensacola)

bine des Drehflüglers. Die wurde vergrößert und war nun mit vier statt zuvor zwei Sitzen ausgestattet. Statt Sitzen konnten backbord auch zwei Tragbahren übereinander plus ein Sanitäter aufgenommen werden. Ferner wurde das dreiteilige Fahrwerk durch vier fest montierte, je einfach bereifte Baugruppen ersetzt. Als S-52-2 erhielt diese Variante im Februar 1951 ihre Zertifikation, zwei Monate später gingen vier Exemplare an die US Army und wurden dort als YH-18A bewertet. Einen Verkaufserfolg erzielte Sikorsky schließlich bei den US-Marinestreitkräften. Werksseitig S-52-3 genannt und im August 1951 als solche erstmals geflogen, beinhaltete ein Navy-Kontrakt für Marine Corps und Coast Guard insgesamt 86 Exemplare. Die ersten davon wurden Ende März 1952 an das Marine Corps geliefert, wo sie die Dienstbezeichnung HO5S-1 trugen. Die Marines nahmen mit 78 auch den größten Teil der bestellten Hubschrauber ab, gliederten diese in ihre Marine Observation Squadrons ein und entsendeten einen Teil davon umgehend zum Kriegsschauplatz Korea. Die ersten trafen dort im Juli 1952 ein und Ende des Monats standen innerhalb der Staffel VMO-6 acht Maschinen zur Verfügung. Sie ersetzten nachfolgend vorwiegend die Sikorsky HO3S-1 und Bell HTL. Bis zum Waffenstillstand ein Jahr später flogen sie mindestens 5000 Einsätze, transportierten zahlreiche Verwundete oder übernahmen Beobachtungs- und Verbindungsaufgaben. Während der Einsätze kam es bei fünf HO5S-1 zu Unfällen, eine weitere wurde 1953 abgeschossen. Nachdem sich strukturelle Probleme mit dem Heckausleger offenbart hatten, wurden im Juli 1953 sämtliche Einsatzexemplare gegroundet. Die Marines behielten einige HO5S bis Juni 1957, andere fanden auf dem zivilen Markt neue Nutzer.

Die US-Küstenwache übernahm acht Maschinen als HO5S-1G und verwendete diese von 1952 bis 1955. Hier empfand man die Kapazitäten einschließlich das Platzangebot, die Motorleistung, die Reichweite und eine erreichbare Flugdauer von 1,5 bis maximal 3,5 Stunden als zu gering. Der Stückpreis einer Maschine betrug damals knapp 83.000 US-Dollar.

Einsatzstaffeln (Auswahl):
HS-2
VMO-1, 2, 6

Ab Juli 1952 nutzte die Marines-Staffel VMO-6 die HO5S-1 in Korea und setzte sie zahlreich zum Verwundetentransport, aber auch bei Beobachtungs- und Verbindungsflügen ein. (Foto. US DoD)

Hiller HTE / H-23 / UH-12

Seinerzeit Teil der United Helicopter Corporation, entwarf Hiller mit dem Model 360 einen ähnlich gearteten Hubschrauber wie die Bell 47, auch leistungstechnisch gab es Gemeinsamkeiten. Hiller brachte seinen Entwurf am 11. November 1947 zum Erstflug und die über Jahre laufende Serienproduktion ergab zum Schluss über 2000 Exemplare. Im militärischen Sektor fanden die meisten Exemplare als Beobachtungs- und Trainingshubschrauber bei der US Army Verwendung und wurden dort zu einem bedeutenden Einsatzmuster, kleinere Stückzahlen fanden letztlich auch bei den amerikanischen Marinefliegern ihre Nutzer.

Im Frühjahr 1950 bewertete die US Navy zunächst eine einzelne, von der Army geborgte Maschine, dann wurden 16 Maschinen gekauft und als HTE-1 ab Mai in Dienst gestellt. Im Gegensatz zur Army-Ausführung besaßen die HTE-1 keine Kufen, sondern ein aus drei Rädern bestehendes Fahrwerk. Bereits 1951 wurden 35 weitere Exemplare, diesmal allerdings mit einem vierrädrigen Fahrwerk, bestellt und nahmen als HTE-2 ihren Dienst auf. Der begann 1952 bei der Trainingsstaffel HTU-1 auf der NAS Ellyson Field, Florida. Mit Doppelsteu-

Typ	HTE-2
Verwendung	Trainings- und Verbindungshubschrauber
Besatzung	1+1
Triebwerk	ein Franklin O-335-6 mit 149 kW
Hauptrotorkreisdurchmesser	10,80 m
Hauptrotorkreisfläche	91,50 m²
Rumpflänge	8,53 m
Höhe	2,90 m
Leermasse	657 kg
Startmasse	max. 1020 kg
Höchstgeschwindigkeit	135 km/h
Steiggeschwindigkeit	3,9 m/s
Dienstgipfelhöhe	3700 m
Reichweite	250 km

Bei den US-Marinefliegern war der Erfolg der Hiller H-23 relativ bescheiden, sie stand im Schatten der Bell 47. Zu sehen ist eine HTE-1, von der 16 Exemplare ab 1950 zunächst für Trainingsaufgaben genutzt wurden. (Foto: National Museum of Naval Aviation Pensacola)

Eine HTE-2 beim Start von einem Flugzeugträger. Gegenüber dem Vorgänger besaß die HTE-2 ein vierrädriges Fahrwerk, die charakteristische Antriebswelle zum Heckausleger blieb erhalten. (Foto: Hiller Aviation Museum)

er ausgerüstet, wurden die HTE eine Zeit lang, bis Ende 1952 für Schulungsaufgaben eingesetzt. Neben Bell HTL dienten auch sie den Pilotenschülern zum Anfangstraining auf Hubschraubern oder der Umschulung vor dem Einsatz auf Hubschraubern mit spezifischen Aufgaben. Schon bald erfüllten die HTE zunehmend Aufgaben im Mehrzweckbereich, als Verbindungs- und Transporthubschrauber. Anderenorts wurden die meisten Maschinen der Reserve wie z.B. auf der Naval Air Station Oakland in Kalifornien oder Squantum in Massachusetts und hier der Staffel HU-911 übergeben, wo sie ebenfalls für Trainingsflüge genutzt wurden. HU-911 war übrigens die einzige Staffel, die innerhalb der Naval Air Reserve Wing 91 Hubschrauber einsetzte. Die letzten HTE verblieben bis August 1963 im Bestand der US Navy. Im Vorjahr wurde innerhalb des vereinheitlichten Bezeichnungssystems für militärische Fluggeräte der US-Streitkräfte die Typenbezeichnung in UH-12B geändert.

Die HTE galt als zuverlässig, war leicht zu fliegen und zu warten. Sie bot in ihrer vollverglasten Kabine zwei bis drei Personen Platz, gleich dahinter befand sich der unverkleidete Sechszylinder-Motor. Als auffälliges Merkmal führte die Antriebswelle vom Getriebe aus zum schräg aufgestellten Heckausleger. Der dort angebrachte und von der Welle angetriebene Heckrotor verfügte wie auch der Hauptrotor über zwei Blätter. Letzterer hatte mit der sogenannten Rotormatic-Steuerung noch die typischen, rechtwinklig dazu angeordneten Paddel, welche die zyklische Blattverstellung während des Drehens übernahmen und zu einer guten Flugstabilität beitrugen. Der Rotor wurde aus Holz, Kunststoffüberzug und Stahlvorderkanten hergestellt, während der Heckrotor komplett aus Stahl und zusätzlich mit Stoff bespannt war. Der Kraftstofftank nahm 106 l auf, die Reichweite fiel dadurch nicht sonderlich groß aus. Allerdings machte sich schon 1949 ein frühes Exemplar mit dem ersten Flug eines Zivilhubschraubers von einer Küste der USA zur anderen einen Namen. Von der HTE-1 zur HTE-2 gelangten mehr als 50 Designänderungen zur Anwendung, die u.a. den strukturellen Bereich, die elektrischen Systeme, die Cockpitinstrumentierung und das Fahrwerk betrafen.

Einsatzstaffeln (Auswahl):
HTU-1
HU-871, 911

Zum Reserveverband HU-871 auf der Naval Air Station Oakland in Kalifornien gehört diese HTE-2. Die HTE-2 wurde an diesem Standort von 1952 bis 1955 verwendet, die Aufnahme verdeutlicht gut das Platzangebot sowie das freiliegende Triebwerk. (Foto: Hiller Aviation Museum)

Piasecki PV-18 / HUP Retriever

Wesentlich mehr Bedeutung als der Vorgänger HRP-1 konnte eine weitere Piasecki-Konstruktion unter der Dienstbezeichnung HUP erzielen. Von Anfang an in Ganzmetallbauweise sowie mit zwei dreiblättrigen Rotoren in Tandemanordnung hergestellt, fiel er etwas kleiner, aber dafür agiler aus. Unter der Firmenbezeichnung PV-14 oder auch PD-14 führte die Entwicklung zum Prototyp XHJP-1, dessen Erstflug im März 1948 stattfand. Intern als PV-18 (PD-18) bezeichnet, folgten leicht modifizierte, mit Stabilisierungsflossen am Heck ausgerüstete Vorserienmaschinen und schließlich die ersten Einsatzexemplare als HUP-1, die ab Februar 1949 die Fertigungsbänder in Pennsylvania verließen. Ebenfalls 1949 vollführte Piasecki-Testpilot Jim Ryan während verschiedener Testreihen zufällig ein Looping beim Überziehen des Hubschraubers, zum anderen gelang mit beachtenswerten 210 km/h ein offizieller Geschwindigkeitsrekord. Mit einer HUP-1 gab es zudem eine weitere Premiere, wobei im April 1951 der erste komplette Flug mit eingeschaltetem Autopilot von Morton, Pennsylvania nach Washington D.C. absolviert wurde.

Die US Navy hatte einen Hubschrauber für den Mehrzweck-

Typ	HUP-2 RETRIEVER
Verwendung	Rettungs-, Verbindungs- und Transporthubschrauber
Besatzung	1–3
Triebwerk	ein Continental R-975-42 mit 410 kW
Rotorkreisdurchmesser	je 10,67 m
Rotorkreisfläche	je 89,38 m²
Rumpflänge	9,70 m
Höhe	3,81 m
Leermasse	1782 kg
Startmasse	max. 2767 kg
Höchstgeschwindigkeit	169 km/h
Steiggeschwindigkeit	5,1 m/s
Dienstgipfelhöhe	3048 m
Reichweite	547 km

Faltbare Rotorblätter waren auf Flugzeugträgern und anderen Schiffen schon immer von Vorteil und halfen auch bei der Unterbringung der HUP Platz zu sparen. (Foto: National Museum of Naval Aviation Pensacola)

Zur Bergung konnten gerettete Personen durch eine im Vorderrumpf befindliche Luke an Bord gezogen werden, wie hier demonstriert wird. (Foto: National Museum of Naval Aviation Pensacola)

bereich gefordert, um in erster Linie Rettungs- und Verbindungsflüge sowie Transportaufgaben zu bewältigen. Erste Einsatzstaffel des neuen Hubschraubers wurde im Januar 1951 HU-2 in Lakehurst, New Jersey. Im Folgejahr wechselte die Produktion auf die verbesserte Baureihe HUP-2, die zugleich zur Hauptserienversion werden sollte. Bei ihr fehlten die Stabilisierungsflossen mit den auffällig schräg gestellten Endscheiben am Heck, der im hinteren Rumpfabschnitt untergebrachte Neunzylinder-Sternmotor leistete nun 410 statt zuvor 386 kW. Im Einsatz lief er nicht immer zuverlässig, mitunter ließ auch die elektrische Leistung an Bord zu wünschen übrig. Die HUP-2 erhielt als einer der ersten Hubschrauber überhaupt mit dem Sperry A-12 serienmäßig einen Autopiloten, die Kursstabilität konnte eindeutig verbessert werden. Zum Transport sperriger Güter gab es auf der linken Rumpfseite eine große Ladetür, im Innern konnten stattdessen auch vier Passagiere, zwei in Flugrichtung und zwei rechtwinklig dazu an der Backbordseite platziert werden. War kein Kopilot an Bord, konnte zusätzlich ein fünfter Passagier oder ein Rettungswindenbediener oder ein Sanitäter an Bord genommen werden. Letzterer war bei Bedarf nötig, wenn statt Fracht oder Passagieren drei Krankentragen im Rumpf untergebracht wurden. Für Rettungseinsätze stand eine hydraulische Winde zur Verfügung, zudem war eine 1,22 m x 0,66 m große Luke im Kabinenboden des Vorderrumpfes zum Einschleusen von geretteten Personen ganz praktisch. Dann wurde der auf der Steuerbordseite befindliche Sitz des Kopiloten zusammengeklappt. Zur Platz sparenden Unterbringung auf Flugzeugträgern konnten die

Im täglichen Einsatzbetrieb waren HUP über Jahre als Plane Guards im Einsatz, hier neben der USS Constellation (CVA-64). Sieht man genau hin, erkennt man auf der anderen Seite des Trägers eine weitere HUP-2 in Position. (Foto: National Museum of Naval Aviation Pensacola)

40
RESCUE

Während des Einsatzbetriebes auf einem Flugzeugträger ist im Vordergrund eine startbereite HUP-2 zu sehen, eine weitere befindet sich im Anflug. (Foto: National Museum of Naval Aviation Pensacola)

Als Plane Guard machte sich die HUP Retriever von Anfang an einen guten Namen – hier zu sehen 1961 über dem Deck des Flugzeugträgers USS Coral Sea *(CV-43). (Foto: National Museum of Naval Aviation Pensacola)*

aus Holz, später aus Metall hergestellten Blätter beider Rotoren zusammengefaltet werden, das in Heckradanordnung ausgelegte feste Fahrwerk war für den Bordeinsatz robust gebaut. Neben der üblichen Radio- und Funkausrüstung verfügte die HUP-2 auch über ein Freund-Feind-Erkennungsgerät.

Die Handhabung der HUP Retriever galt allgemein als unkompliziert und sie wurde während der Einsatzzeit als bester Rettungshubschrauber der US-Marine bewertet. Auch das Marine Corps flog einige wenige Exemplare dieses Typs in den 1950er-Jahren. Als Plane Guard war der Hubschrauber über Jahre eine feste Größe in der amerikanischen Marinefliegerei, zahllose verunglückte Crews von Trägerflugzeugen wurden von den HUP-Helis aus dem Wasser gefischt und gerettet. Sie kamen zur Seenotrettung nicht nur von Flugzeugträgern, sondern auch anderen Schiffen wie Kreuzern oder Schlachtschiffen zum Einsatz und übernahmen Rettungsflüge von verschiedenen Landbasen aus. Große Anerkennung erfuhren auch zwölf HUP-2 im Herbst 1955 als Teil der eigentlich als Trainingsstaffel eingesetzten Einheit HTU-1. An Bord des Flugzeugträgers *USS Saipan* gelangten sie in den Golf von Mexiko und leisteten nach einem verheerenden Wirbelsturm im Großraum Tampico umfangreiche Rettungs- und Hilfsflüge. Dabei erreichten sie einen hohen Klarstand von 99% und absolvierten während der achttägigen Operation bis zu sieben Flugstunden pro Tag. Bei mehreren Evakuierungsflügen übertraf die Zahl der geretteten Menschen an Bord der Hubschrauber die eigentliche Kapazität um das drei- bis vierfache. Zuletzt waren es rund 2400 Einsatzflüge, in denen mit den HUP-2 mehrere tausend Menschen in Sicherheit und weit über 80.000 kg Lebensmittel überbracht wurden. Im Koreakrieg transportierten sie hauptsächlich Fracht und waren nicht auf Flugzeugträgern stationiert, um als Plane Guards verwendet zu werden. Auch im Vietnamkrieg nicht, da ihr Einsatz bei der US Navy im August 1964 endete. Zu diesem Zeitpunkt lautete die Typenbezeichnung der HUP-2 bereits H-25B. Mit H-25A wurden seit der Vereinheitlichung der Bezeichnungssysteme im September 1962 dagegen an die US Army gelieferte Exemplare bezeichnet. Die hießen ursprünglich ebenfalls HUP-2 und 50 von diesen wurden später an die US Navy abgegeben, danach HUP-3 bzw. ab 1962 H-25C genannt. Den Typennamen HUP-2S trugen etwa ein Dutzend Retriever, die zur U-Boot-Abwehr umgerüstet und mit einem Eintauchsonar AN/AQS-1 ausgestattet waren. Im Sommer 1952 begannen die Eignungstests mit dieser Ausführung an Bord des Geleitflugzeugträgers *USS Siboney* (CVE-112). Die Versuche liefen vor allem aufgrund des zu schwachen Antriebs nicht sonderlich erfolgreich, sodass die HUP-2S in dieser Rolle allerhöchstens eine Übergangslösung darstellte. Als HUP-4 wurde 1954 eine Maschine mit einem 515 kW starken Wright-Motor R-1300-3 getestet und mit diesem bessere Leistungen erzielt, doch endete im selben Jahr der Serienbau nach insgesamt 339 Exemplaren aller Versionen. Eine interessante Modifikation stellte zudem eine HUP-2 dar, die vom Unternehmen Edo Corporation mit schwimmfähigem Rumpf sowie großen, außen liegenden Schwimmern zum Amphibium umgerüstet und 1957 erprobt wurde.

Einsatzstaffeln (Auswahl):
HMX-1
HTU / HTG-1
HS-1, 2, 3, 4
HU-1, 2
VU-1

Kaman K-225 und K-240 / HTK-1

Am 15. Januar 1947 machte der erste Hubscharuber des Unternehmens Kaman, die einsitzige K-125, seinen Erstflug. Er zeichnete sich durch das bereits von Anton Flettner in Deutschland angewandte Prinzip von zwei gegenläufigen, ineinander kämmenden Rotoren aus. Die Rotorköpfe sind nebeneinander angeordnet und über ein Getriebe gekoppelt, die Steuerung wird durch zyklische und kollektive Verstellung der Rotorblätter bewerkstelligt und von Servoklappen am äußeren Drittel unterstützt. Das Konzept dieser Rotoren eignet sich hervorragend für das langsame Fliegen und den Schwebeflug ohne Leistungsabfall, was z.B. für Beobachtungsmissionen sowie für die Luftrettung als sehr geeignet erschien. So wurde schon die verfeinerte Ausführung K-190 für die Marineflieger interessant und führte ab Ende 1948 zur Erprobung eines Exemplars durch die in Quantico, Virginia ansässige Marines-Staffel HMX-1. Eine zweite Maschine unterstützte später die Testreihen und führte zur nochmals modifizierten K-225.
Die K-225 flog im Juni 1949 zum ersten Mal und wurde in zwei Exemplaren von der US Navy bestellt. Sie kamen im März sowie im Juni 1950 zum Naval Air Test Center (NATC) Patuxent River, Maryland, und wurden nachfolgend bewertet. Eine der beiden Maschinen wurde zum ersten turbinengetriebenen Hubschrauber weltweit, als der Lycoming-Kolbenmotor durch eine Boeing-Turbine YB-502 ausgetauscht und damit der erste Flug am 11. Dezember 1951 in Windsor Locks, Connecticut, absolviert wurde. Zur Leistungssteigerung wurden 1953 dann zwei der je 128 kW leistenden Gasturbinen eingebaut und die Flugtests im Folgejahr weitergeführt. Die US Coast Guard hatte im März 1950 eine K-225 erhalten und in Elizabeth City, North Carolina, stationiert. Sie wurde von mehreren Piloten getestet, aber nur wenig geflogen und nach vier Jahren sowie lediglich 165 Flugstunden an die US Navy abgegeben. Inzwischen flog auch die weiterentwickelte und kompaktere K-240, von der in mehreren Baulosen insgesamt 29 Stück von der US Navy bestellt wurden und ab November 1951 zur Auslieferung gelangten. Die Einsatztauglichkeit wurde im November erreicht. Sie waren hauptsächlich für weiterführendes Hubschraubertraining nach dem Grundkurs auf der Bell HTL vorgesehen, konnten bei Bedarf aber auch andere Aufgaben wie z.B. Transport- und Rettungsflüge durchführen. Hierzu wurde verschiedene Methoden, Rettungsmittel oder auch Schwimmer als Fahrwerk erprobt. Im Dienst hießen die bis 1953 gelieferten Hubschrauber dann HTK-1 und waren hauptsächlich Bestandteil der Staffel HTU-1 in Ellyson Field, Florida. Zwischen 1955 und 1957 erfolgte die Ausmusterung der meisten HTK-1, letzte Einsatzstaffel war HU-1. Übrig gebliebene Maschinen hießen ab 1962 TH-43E. Bis Ende der 1950er-/ Anfang der 1960er-Jahre wurden zwei oder drei Exemplare

Typ	**HTK-1**
Verwendung	Trainingshubschrauber
Besatzung	1+1
Triebwerk	ein Lycoming O-435-4 mit 170 kW
Rotorkreisdurchmesser	je 12,20 m
Rotorkreisfläche	je 116,90 m²
Rumpflänge	6,25 m
Höhe	3,73 m
Leermasse	735 kg
Startmasse	max. 1406 kg
Höchstgeschwindigkeit	130 km/h
Steiggeschwindigkeit	3,6 m/s
Dienstgipfelhöhe	4267 m
Reichweite	212 km

HTK-1 wurden auch schiffsgestützt für verschiedene Unterstützungs-, Transport- und Rettungsaufgaben eingesetzt. (Foto: US Navy)

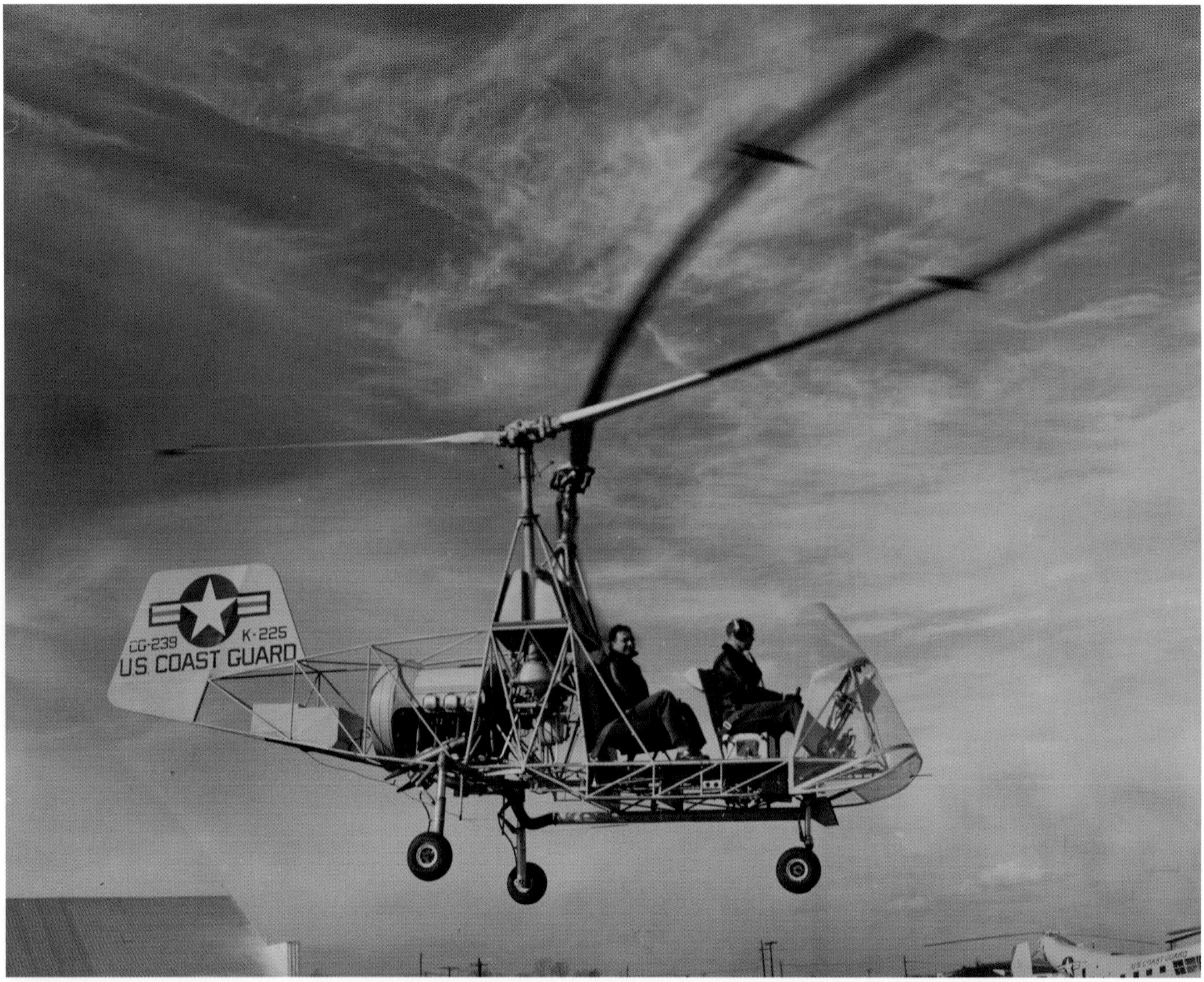

Von der K-225 bestellte die US Navy zwei Maschinen, eine davon ging später an die Coast Guard. Bis auf die Frontscheibe ist die Kabine unverkleidet, zwei Sitze sind in Tandemanordnung installiert. Beachtenswert die beiden nebeneinander befindlichen Rotoren. (Foto: USCG)

unter der Bezeichnung HTK-1K als ferngesteuerte Drohnen für Transport- und Kranflüge, aber auch zur U-Boot-Abwehr getestet und innerhalb des Drone Anti Submarine Helicopter(DASH)-Programms von Zerstören wie der *USS Wright* und *Mitscher* aus eingesetzt. Bemerkenswert ist hierbei auch die Verwendung eines Elektromotors, der über ein Kabel und einen am Boden befindlichen 250 kW starken Generator versorgt wurde. Die 1958 durchgeführten Tests zeigten allerdings schnell die begrenzten Einsatzmöglichkeiten auf.

Die HTK-1 hatte gegenüber ihren Vorgängern eine geschlossene Kabine mit einer großzügigen Verglasung am Bug. Neben dem Piloten bot sie drei weiteren Personen dahinter Platz, als Schulmaschine konnte sie innerhalb von zwei bis drei Minuten zu einem Ambulanzhubschrauber umgerüstet werden. Die beiden ineinander kämmenden Rotoren verfügten über jeweils zwei Blätter und machten einen Heckrotor überflüssig. Zwei vom Rumpf ausgehende Ausleger führten zum Heck, das in der Mitte und an den Enden mit mehreren Stabilisierungsflossen ausgestattet war. Das Fahrwerk bestand aus vier einfach bereiften Streben.

Einsatzstaffeln (Auswahl):
HU-1, 2
HTU-1
VU-1

Die K-240 wurde zum ersten Serienhubschrauber des Herstellers Kaman. Bei der US Navy erhielt sie die Dienstbezeichnung HTK-1. Typisch die ineinander kämmenden Rotoren – lange Zeit ein Markenzeichen von Kaman. (Foto: National Museum of Naval Aviation Pensacola)

Diese HTK-1 trägt noch die Kennzeichen des Naval Air Test Center Patuxent River am Leitwerk. Hauptaufgabe des Hubschraubers waren zunächst das Austesten von Einsatzmethoden und die Pilotenschulung. (Foto: National Museum of Naval Aviation Pensacola)

Piasecki PV-17 / HRP-2 Rescuer

Häufig als zweite, etwas modifizierte Baureihe der HRP-1 verstanden, war die HRP-2 eigentlich eine völlige Neukonstruktion. Unter der Firmenbezeichnung PV-17, auch PD-17, war der Vorgänger noch einmal gründlich überarbeitet worden und vermittelte schon rein äußerlich einen kompakteren Eindruck. Vor allem der neue Rumpf erhielt einen erheblichen Feinschliff. Nun bildete die Bugunterseite die Rumpfspitze, gefolgt von einem praktisch verglasten, nicht mehr so zahlreich verstrebten Cockpit. Hier waren jetzt die Sitze für Pilot und Kopilot nebeneinander angeordnet. Gleichfalls wirkten die Fenster an den Rumpfseiten durch ihre ovale Form moderner. Der Rumpf selbst war nun in Halbschalenbauweise ausgeführt und vollständig mit Leichtmetall beplankt, eine verbesserte Struktur sorgte für weniger Vibrationen während des Betriebes. Das fest verstrebte Fahrwerk war dreiteilig in Bugradanordnung, das Heck verjüngte sich nicht mehr und war an Ober- und Unterseite gleich stark ausgeprägt. Zur Stabilisierung wurden später kleine Höhenflossen mal mit, mal ohne Endscheiben montiert. Vom Vorgänger übernommen wurden die beiden dreiblättrigen Rotoren in Tandemanordnung sowie der aus einem Pratt & Whitney-Motor bestehende Antrieb. Damit galt

Typ	HRP-2 RESCUER
Verwendung	Transport- und Rettungshubschrauber
Besatzung	1–2
Triebwerk	ein Pratt & Whitney R-1340-AN-1 mit 441 kW
Rotorkreisdurchmesser	je 12,50 m
Rotorkreisfläche	je 122,80 m^2
Rumpflänge	16,46 m
Höhe	4,27 m
Leermasse	2404 kg
Startmasse	max. 3277 kg
Höchstgeschwindigkeit	170 km/h
Steiggeschwindigkeit	4,6 m/s
Dienstgipfelhöhe	3048 m
Reichweite	462 km

Aufgrund gestiegener Betriebsmassen in Verbindung mit einem zu schwachen Triebwerk, konnten nur fünf HRP-2 an das US Marine Corps verkauft werden. Deutlich sichtbar ist die HRP-2 ihrem etwas größeren Nachfolger sehr ähnlich, der als H-21 Workhorse / Shawnee bei US Air Force und Army wesentlich erfolgreicher werden sollte. (Foto: Ray Watkins Collection)

Dieses interessante Foto zeigt vorn mit der Kennung XM-8 eine HRP-2 und ganz klar den Unterschied zu den dahinter abgestellten HRP-1 auf. Sie war nicht einfach eine Version des Vorgängers, sondern eine Neuentwicklung. (Foto: Ray Watkins Collection)

der Hubschrauber mit seinen gestiegenen Betriebsmassen letztlich als untermotorisiert, was sicher für ein mangelndes Kaufinteresse mitverantwortlich war.

Nach dem Erstflug am 10. November 1949 konnten nur fünf Exemplare an das US Marine Corps verkauft werden, wo die Dienstbezeichnung HRP-2 lautete. Sie absolvierten innerhalb der Staffel HMX-1 bis 1953 Personal- und Frachttransporte sowie Such- und Rettungseinsätze. Die Kabine bot Platz für acht Passagiere oder Soldaten oder auch bis zu sechs Krankentragen, eine seitliche Tür erleichterte das Be- und Entladen. Einen in verschiedenen Medien publizierten Einsatz des Hubschraubers bei der US-Küstenwache gab es nicht.

Weitaus erfolgreicher als die HRP-2 sollte ihre im April 1952 erstmals geflogene Weiterentwicklung PD-22 und dabei unter den späteren Einsatznamen H-21 Shawnee und H-21 Workhorse werden. Im Erscheinungsbild fast baugleich mit der HRP-2, erreichte sie mit stärkerem Antrieb und zwei größeren Rotoren bessere Leistungen und konnte eine höhere Zuladung aufnehmen. Hunderte wurden an US Air Force und US Army sowie ins Ausland geliefert und über viele Jahre eingesetzt. Sie bedeuteten einen großen wirtschaftlichen Erfolg für Piasecki, den er selbst aber kaum auskosten konnte. Nachdem der Einfluss der Rockefeller Group als finanzieller Unterstützer des Unternehmens zunehmend ausgeweitet und Frank Piasecki der Firmenvorsitz entzogen wurde, verließ dieser 1955 den Herstellerbetrieb und gründete seine eigene Piasecki Aircraft Corporation. Etwa zur selben Zeit setzten die amerikanischen Marineflieger aber zunächst auf andere Typen und übernahmen die H-21 nicht.

Einsatzstaffeln:
HMX-1

Auf dem Gelände des Naval Air Test Center Patuxent River, Maryland, ist im Vordergrund eine HRP-2, weiter hinten eine HUP-1 zu erkennen. (Foto: US Navy)

Sikorsky S-55 / HO4S / HRS / H-19 Chickasaw

Innerhalb eines Jahrzehnts hatte Sikorsky im Hubschrauberbau Großes geleistet. In seinem Unternehmen wurden in dieser Zeit gleich mehrere brauchbare Typen geschaffen, die in unterschiedlichen Größen und Gewichtsklassen verschiedene Bereiche, gerade bei den US-Marinestreitkräften, abdecken konnten. Ihre Leistungen und Zuverlässigkeit steigerten sich stetig und sie trugen dazu bei, die Fähigkeiten des Hubschraubers voll zu entfalten. Mit der S-55 kam ein weiteres Muster auf den Markt, das Sikorsky's Position im amerikanischen Hubschrauberbau zunehmend festigte und ausbaute und auch auf internationaler Ebene Erfolge erzielte.
Die S-55 zeichnete sich durch einen im Bug installierten Kolbenmotor aus, der damit im Rumpf Platz für eine größere Kabine frei machte, aber auch für einigen Lärm im Cockpit sorgte. Andererseits war der Motor durch zwei große aufklappbare Türen für Wartungsarbeiten sehr gut zugänglich und ein Motorwechsel konnte innerhalb von zwei Stunden erledigt werden. Unter dem dreiblättrigen Hauptrotor befand sich das Getriebe und von da aus führte eine lange Kardanwelle zum zweiblättrigen Heckrotor. Beide Rotoren waren aus Metall ge-

Typ	HO4S-3 CHICKASAW
Verwendung	Transport- und Rettungshubschrauber
Besatzung	2
Triebwerk	ein Wright R-1300-3 mit 522 kW
Hauptrotorkreisdurchmesser	16,16 m
Hauptrotorkreisfläche	204,94 m²
Rumpflänge	12,86 m
Höhe	4,07 m
Leermasse	2288 kg
Startmasse	max. 3402 kg
Höchstgeschwindigkeit	180 km/h
Steiggeschwindigkeit	3,6 m/s
Dienstgipfelhöhe	4511 m
Reichweite	579 km

Die US Marines konnten ihre HRS nicht nur für Transport- und Anlandeunternehmen, sondern auch zu Rettungseinsätzen nutzen. Mit einer Winde an der Steuerbordseite wird das hier Anfang der 1960er-Jahre mit einer HRS-2 trainiert. (Foto: National Museum of Naval Aviation Pensacola)

Die Bergung mittels Rettungswinde wird von einem Navy-Team demonstriert. Der Hubschrauber ist eine vom Marine Corps übernommene HRS. (Foto: National Museum of Naval Aviation Pensacola)

fertigt, ebenso bestand der in Halbschalenbauweise konzipierte Rumpf aus Leichtmetall. Im Innern fanden bis zu zehn Passagiere oder acht voll ausgerüstete Soldaten oder acht Liegen für den Krankentransport Platz, weshalb die S-55 auch als erster »Großhubschrauber« von Sikorsky gilt. Mit einem am Rumpf montierten Lasthaken konnten extern sperrige Güter befördert werden. Ein fest verstrebtes Fahrwerk war an allen vier Baugruppen einfach bereift und robust genug für den Decksbetrieb auf Schiffen oder unwegsamen Gelände ausgelegt, außerdem konnte es bei Bedarf durch Schwimmer ergänzt werden.
Zunächst auf Anforderung der US Air Force entstanden, begann der YH-19 genannte Prototyp am 10. November 1949 mit der Flugerprobung. Später sollten alle US-Teilstreitkräfte den Typ in ihrem Bestand haben, schon im April 1950 unterschrieb die Navy einen ersten Serienauftrag, das Marine Corps folgte im August desselben Jahres mit einem eigenen Kontrakt.
Bei der US Navy wurde die S-55 noch Ende 1950 als HO4S-1 in Dienst gestellt, Erstempfänger war die Staffel HU-2 in Lakehurst, New Jersey. Neben Transportaufgaben wurde die HO4S-1 bald auch zur Erprobung als U-Boot-Abwehrhubschrauber genutzt und hierfür auf der Naval Air Station Key West, Florida stationiert. Dabei wurde in der neu aufgestellten Staffel HS-1 auch der Einsatz im »Hunter/Killer«-Team geübt, wobei ein Hubschrauber die Suche und ein zweiter die Bekämpfung ausgemachter Ziele übernimmt. Vor allem wegen der unzureichenden Motorleistung konnte die HO4S-1 in dieser Rolle nicht recht überzeugen. Bessere Ergebnisse lieferte schließlich die Version HO4S-3 ab, die von einem stärkeren Motor angetrieben wurde. Der nun verwendete Wright R-1300 brachte gut 50 kW mehr Leistung als der bisherige R-1340 von Pratt & Whitney. Bedingt und nur am Tag konnten die HO4S-3 ab 1952 nun auch die U-Boot-Abwehr-Einsätze fliegen, gute Ergebnisse sollten aber erst Nachfolgemodelle der S-55 abliefern. Die US Navy hatte zehn HO4S-1 sowie 61 HO4S-3 gekauft, die letzten wurden 1960 außer Dienst gestellt. Die

Mehrere HRS-1 der Marines-Staffel HMR-161 sind gerade vom Geleitflugzeugträger USS Sicily *(CVE-118) gestartet, der vor der Küste Koreas kreuzt. HMR-161 flog seinerzeit die ersten Transporteinsätze mit der HRS-1 und vervollkommnete verschiedene Einsatztaktiken mit dem Hubschrauber. (Foto: US Navy)*

HO4S-2 war übrigens eine vorgeschlagene Version als Rettungshubschrauber, wurde aber nicht gebaut.
Die Verwendung der S-55 bei den Marines war noch um einiges umfangreicher. Im April 1951 trafen die ersten Exemplare bei der Staffel HMX-1 in Quantico, Virginia ein und erhielten die Dienstbezeichnung HRS-1. Sie entsprachen der Navy-Version mit dem Pratt & Whitney-Motor, besaßen im Unterschied zu dieser allerdings selbstversiegelnde Tanks. Das konnte nur gut für die beabsichtigten Einsatzaufgaben mit amphibischen Anlandungen in Küstenabschnitten oder in unwegsamen, schwer überschaubaren Gelände sein. Ab September 1951 konnten die HRS-1 der neu formierten Marine Corps-Transportstaf-

Zum Jahresende 1951 übernahm die US-Küstenwache die ersten Chickasaw und erhielt nach der Variante HO4S-1 auch mehrere HRS-1 aus Überschussbeständen der Marines. (Foto: National Museum of Naval Aviation Pensacola)

fel HMR-161 ihre Fähigkeiten in Korea aufzeigen. Etwa zehn Tage nach ihrem Eintreffen auf dem Kriegsschauplatz transportierten sie erstmals in größerem Umfang Truppen und Gerät, setzten dabei 74 Marineinfanteristen sowie 8500 kg Fracht in unmittelbarer Nähe des Gegners ab. Wenige Tage später waren es bereits 224 Marines und nochmals 8000 kg Fracht, die ans Kampfgebiet befördert wurden. Am 11. Oktober 1951 starteten innerhalb der Operation »Bumblebee« zwölf HRS-1 in 30-Sekunden-Intervallen und überführten in 156 Flügen 958 Personen sowie 11.000 kg Fracht ins 25 km entfernte Gefechtsfeld. Während der fünftägigen Operation »Haylift II« im Februar 1953 steigerte sich die Menge an von HRS-Helis abgesetzten Gütern, die zur Versorgung von zwei Regimentern gedacht waren, auf stattliche 72.500 kg. Während des gesamten Konfliktes erwiesen sich die Hubschrauber als zuverlässige und robuste Plattformen mit einem hohen Klarstand. Aufgrund von Problemen mit den Rotorblättern erhielten sie aber vorübergehend im März 1953 Flugverbot und insgesamt acht HRS-1 wurden im Koreakrieg als Verlust gemeldet. Bis zum Ende der Kampfhandlungen hatten die HRS-1 und HRS-2 von HMR-161 in annähernd 19.000 Einsatzflügen rund 3500 t Fracht und über 60.000 Personen transportiert, hinzu kamen 2748 Verwundete bei Bergungseinsätzen. Die Ergebnisse waren beeindruckend, nach den 60 HRS-1 hatte das Marine Corps 91 weitere HRS-2 bestellt und auch schon in Korea eingesetzt. Diesen folgten noch 89 HRS-3 mit dem stärkeren Wright-Motor ins Einsatzinventar, ihr Dienst währte bis Anfang 1969. Mit den HRS konnten die Marines viele ihrer Einsatztaktiken ausarbeiten und weiter entwickeln, der Hubschrauber war in vielen Belangen richtungsweisend.

Die US-Küstenwache übernahm im November 1951 die ersten von 14 HO4S-1G und stellte sie auf der Coast Guard Air Station Brooklyn, New York, in Dienst. Andere Standorte folgten, u.a. auch die CGAS Elizabeth City in North Carolina, wo diese Hubschrauber im Aircraft Repair and Supply Center (ARSC) regelmäßig überholt wurden. Man erarbeitete auch neue Einsatzmethoden und integrierte neue Rettungsmittel, wozu z.B. ein speziell von der Küstenwache konzipierter Rettungskorb gehörte. Der wurde von der auf der linken Rumpfseite befindlichen Winde getragen und erleichterte das Aufnehmen in Not geratener Personen. Eine weitere Einsatzoption stellte als »Tugbird« das Ziehen und Bergen kleinerer Wasserfahrzeuge mit bis zu 790 t Wasserverdrängung dar, die es nicht mehr aus eigener Kraft zur Küste schafften oder irgendwo gestrandet waren. Die Coast Guard erhielt weitere der Hubschrauber aus Überschussbeständen, so auch acht HRS-3 und konnte viele erfolgreiche Einsätze mit Hunderten Geretteten bis zum Ende der Dienstzeit im Jahr 1966 verbuchen.
Mit dem 1962 eingeführten Bezeichnungssystem änderte sich der Typenname der HRS-3 in CH-19E, der HO4S-3 in UH-19F und der HO4S-3G in HH-19G.

Einsatzstaffeln (Auswahl):
HMR-161, 162, 261, 263, 362
HMX-1
HS-1, 3, 4, 7
HT-8
HU-1, 2, 4

Mit der Sikorsky S-55 erhielten die amerikanischen Marineflieger einen damals fortschrittlichen und leistungsstarken Hubschrauber, der wesentlich zur Akzeptanz dieses Fluggeräts beim Militär, aber auch auf dem zivilen Markt beitrug. (Foto: National Museum of Naval Aviation Pensacola)

Bell HSL-1

Bell-untypisch war die HSL der einzige Hubschrauber des Unternehmens mit Tandemrotoren. Die durchaus interessante und leistungsfähige Entwicklung war allerdings nur von vorübergehendem Erfolg gekrönt und Bell erzielte mit der konventionellen Ausrichtung seiner Hubschrauber wesentlich größere Erfolge.

Der im Januar 1950 herausgegebene Anforderungskatalog der US Navy nach einem U-Boot-Abwehr-Hubschrauber bezog seinerzeit mit 36 eine ungewöhnlich hohe Anzahl bietender Hersteller ein, viele davon ohne jegliche Vorkenntnisse im Hubschrauberbau. So befanden sich unter den nachfolgenden Vorschlägen des zu bauenden Musters einige Exoten, was im April zur vorläufigen Auswahl von 17 Entwürfen von immerhin zwölf Herstellern führte. Die Schlussauswahl machte dann im Juni Bell mit seinem Model 61 zum Gewinner des Wettbewerbs, wobei man diese Entscheidung in gewisser Weise den persönlichen Kontakten von Larry Bell zur US-Marine sowie seinen unternehmerischen Fähigkeiten zuschreibt. Trotzdem war die Bell-Konstruktion bemerkenswert, denn mit dem Prinzip der Tandemrotoren beschritt auch diese Firma Neuland.

Die Auswahl von Model 61 war mit dem Bau von drei Prototypen unter der Bezeichnung XHSL gekoppelt. Zum Antrieb wur-

Typ	**HSL-1**
Verwendung	U-Boot-Abwehr- und Unterstützungshubschrauber
Besatzung	2–4
Triebwerk	ein Pratt & Whitney R-2800-50 mit 1417 kW
Rotorkreisdurchmesser	je 15,73
Rotorkreisfläche	je 194,10 m²
Rumpflänge	12,70 m
Höhe	4,45 m
Leermasse	5648 kg
Startmasse	max. 9072 kg
Höchstgeschwindigkeit	200 km/h
Steiggeschwindigkeit	5,8 m/s
Dienstgipfelhöhe	4725 m
Reichweite	560 km
Bewaffnung	Torpedos, Minen an zwei Außenstationen

Bis zu 9000 kp Zugkraft konnte die HSL ohne strukturelle Schäden aufbieten. Bei Testreihen zur Minenräumung wird hier die 200 t verdrängende Plattform YSD-51 Mary Ann *von einer HSL gezogen. (Foto: National Museum of Naval Aviation Pensacola)*

Diese Aufnahme zeigt die HSL, s/n 9864, in einem seltenen hellen Anstrich. Es handelte sich um das 40. Exemplar des Hubschraubers, das im März 1956 fertiggestellt und nachfolgend nach Norfolk, Virginia, überführt wurde. Im Folgejahr erfolgten Modifikationen zum Minenräumen und entsprechende Einsätze von Panama City, Florida, aus. Einsatzende war im Mai 1959 nach nur 76 Flugstunden. (Foto: National Museum of Naval Aviation Pensacola)

de der kräftige Pratt & Whitney-Doppelsternmotor R-2800 verwendet und im Hinterrumpf eingebaut. An dieser Stelle fehlten zur Kühlung des Motors links und rechts die Verkleidungen am Rumpf. Über das Getriebe führten Antriebswellen zum vorderen und zum hinteren Rotor, wobei der vordere Rotormast direkt vor das Cockpitpanel gesetzt wurde. Beide Rotoren besaßen jeweils zwei aus Holz gefertigte und mit Kunststoff überzogene Blätter, nur die Vorderkante war aus rostfreiem Stahl und zudem mit einem elektrischen Enteisungssystem versehen. Die Rotorblätter waren zur platzsparenden Unterbringung faltbar ausgelegt, des Weiteren waren auch bei diesem Bell-Hubschrauber die Stabilisierungsausleger unterhalb der Rotoren vorhanden. Viereckige Leitflächen bildeten das Ende der fest am Heck montierten Stabilisierungsflossen. Das Fahrwerk bestand aus vier verstrebten Baugruppen, die beiden vorderen einfach und die hinteren doppelt bereift. Die Geräteausstattung erlaubte eine Allwetterfähigkeit, hinzu kam ein Autopilot. Dessen Vorhandensein erwies sich bei Schwebeflügen und dem Einsatz eines Eintauchsonars zur U-Boot-Suche als sehr hilfreich. Beim Sonar handelte es sich um das AN/AQS-4A, das in einer Tiefe bis zu 18 m einen 360-Grad-Bereich bis in 4 km Entfernung abtasten konnte. Für die Bedienung gab es ein weiteres Crewmitglied als Systemoperator. Als Bewaffnung waren vorwiegend Torpedos, später auch Minen vorgesehen. Zur Ausrüstung gehörte außerdem eine Winde von maximal 360 kg Traglast.

Die US Navy sah ursprünglich einen Bedarf von etwa 300 U-Boot-Abwehr-Hubschraubern, doch verzögerten sich Erstflug und Einsatz. Die Produktion der HSL-1 erfolgte in einem neuen Werk in Fort Worth, Texas und die Flugerprobung konnte am 4. März 1953 aufgenommen werden. Die beiden anderen Versuchsmuster flogen bis Ende des Jahres und offenbarten einige Probleme wie etwa Vibrationen, starken Lärm in der Kabine oder auch eine begrenzte Leistungsfähigkeit. Die Navy war unzufrieden, das HSL-Programm stand mehrmals vor dem Aus und wurde letztlich auf 50 Serienexemplare zusammengestrichen. Zudem forderte man eine Intensivierung der Tests, die auch die Qualifizierung auf Flugzeugträgern einschloss. Das Trägerschiff *USS Kula Gulf* (CVE-108) wurde im März 1955 zur Borderprobung der HSL-1 genutzt und von den drei beteiligten Hubschraubern erfolgreich gestaltet. Alternativ hatte man zeitgleich auch die Piasecki HUP-2S sowie Sikorsky HO4S-1/3 in der U-Boot-Abwehrrolle bewertet und zum Schluss die inzwischen in der Flugerprobung befindliche Sikorsky HSS-1 für diese Aufgaben als am besten geeignet befunden.

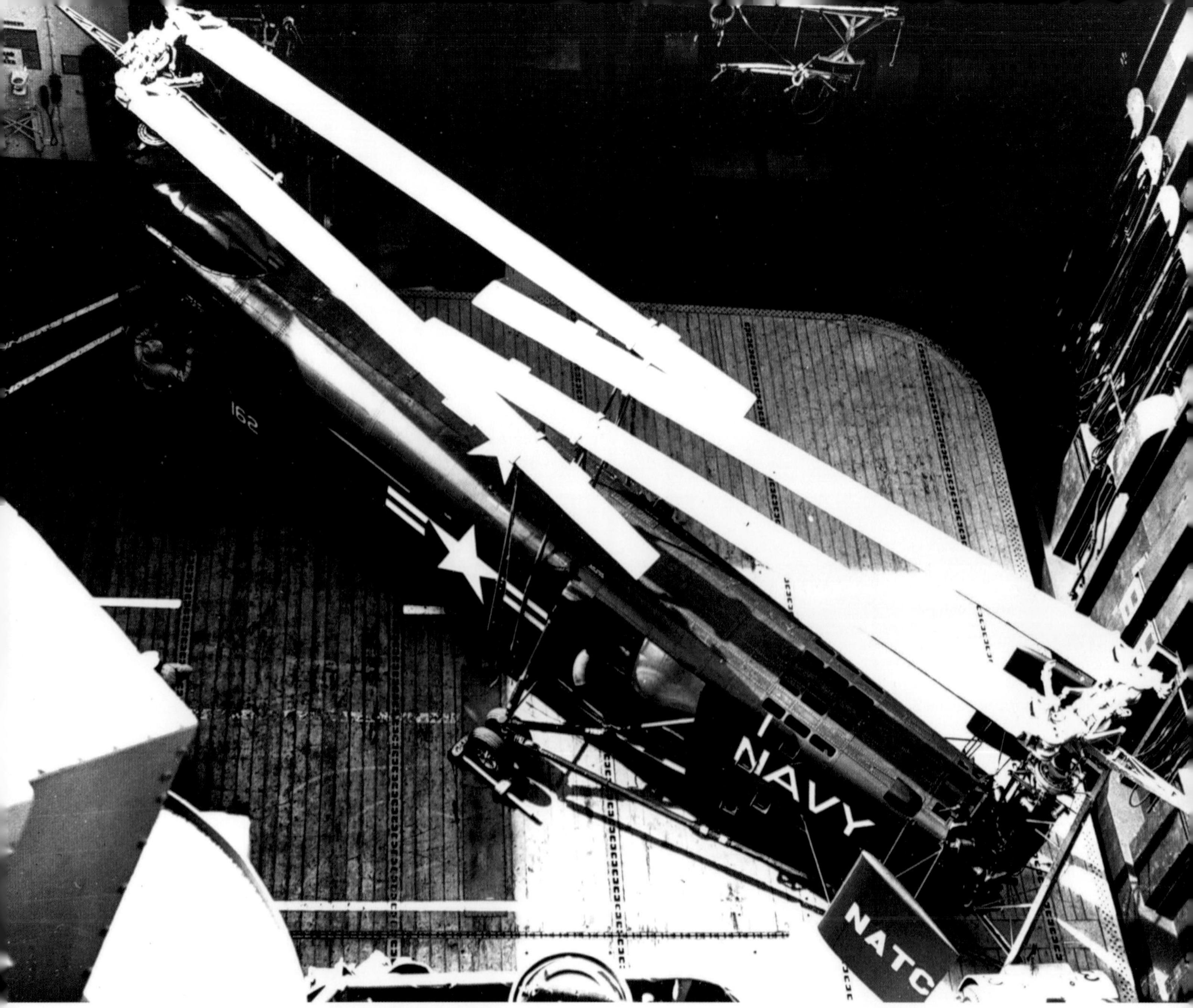

Auf dem Decksaufzug des Geleitflugzeugträgers USS Kula Gulf (CVE-108) zeigt diese HSL, wie wichtig das platzsparende Falten der Rotorblätter war. (Foto: National Museum of Naval Aviation Pensacola)

Währenddessen wurden die ersten Serienmaschinen des Hubschraubers in weiterführende Testreihen einbezogen und eine HSL war Teil einer tatsächlich durchgeführten Rettungsaktion, die einem verletzten Matrosen eines Zerstörers galt. Im April 1955 gab es allerdings auch den zweiten Crash einer HSL, der damit die Qualifizierung zum U-Boot-Jäger beendete. Mit der Einstellung dieses Programms wurden weit über die Hälfte der 50 HSL vorerst eingelagert, die meisten davon und mit nur wenigen geleisteten Flugstunden Jahre später verschrottet. Mindestens sieben Exemplare wurden zwischenzeitlich zur Navy Base Panama City, Florida, abkommandiert und dienten innerhalb der Naval Air Mine Defense Development Unit (NAMDDU) umfangreichen Versuchen zur Minenräumung auf See sowie anderen Tests, bis der Flugbetrieb mit der HSL-1 im Frühjahr 1960 endete.

Einsatzstaffeln:
NAMDDU
VX-1

Hier werden Tests zum Aufspüren und Räumen von Minen durchgeführt, die HSL ist mit einer Zugstange für ein Minenräumgerät ausgestattet. Im Bild auch nochmal deutlich zu erkennen: das unverkleidete Triebwerk, ein Pratt & Whitney-Doppelsternmotor R-2800. (Foto: National Museum of Naval Aviation Pensacola)

Kaman K-600 / HOK-1 / HUK-1 / H-43

Als Viersitzer ausgelegt, war die K-600 eine größere und um einiges leistungsstärkere Fortentwicklung der K-240. Ihr Neunzylinder-Sternmotor bot mehr Leistung und erlaubte höhere Nutz- und Abflugmassen. Statt Passagieren konnten in der Kabine zwei übereinander befestigte Krankentragen plus einen Begleiter oder Fracht oder an einem Außenhaken bis zu 275 kg Lasten befördert werden. Die Verglasung der Kabine bot eine ausgezeichnete Sicht, am hinteren Rumpfabschnitt gab es zwei große Türen, die den Zugang zum Triebwerk erleichterten. Die Rotormasten schienen auffällig erhöht, die beiden ineinander kämmenden Rotoren waren über ein Getriebe gekoppelt. Am Boden konnten sie parallel zueinander gestellt werden, die Rotorblätter waren dabei geneigt. Im laufenden Betriebsmodus war deshalb große Vorsicht für Bodenpersonal und Piloten geboten, Aufdrucke am Rumpf verwiesen darauf, sich dem Hubschrauber nur von vorn zu nähern. Das Heck der in Leichtmetall hergestellten K-600 bestand wiederum aus zwei Auslegern, an deren Enden und in deren Mitte großflächige Stabilisierungsflossen montiert waren. Das starre Fahrwerk war vierteilig, für Operationen von weichem Erdboden aus bot Kaman optional breite Skis als Rüstsatz an.

Typ	**HOK-1**
Verwendung	Beobachtungs-, Rettungs- und Transporthubschrauber
Besatzung	1
Triebwerk	ein Pratt & Whitney R-1340-48 mit 441 kW
Rotorkreisdurchmesser	je 14,33 m
Rotorkreisfläche	je 161,05 m²
Rumpflänge	7,67 m
Höhe	4,74 m
Leermasse	1966 kg
Startmasse	max. 3402 kg
Höchstgeschwindigkeit	170 km/h
Steiggeschwindigkeit	7,5 m/s
Dienstgipfelhöhe	5480 m
Reichweite	320 km

Gerade wegen ihrer guten Flugeigenschaften zeigten die US-Marineflieger frühzeitig Interesse an der weiterentwickelten K-600 und vergaben bereits im Juni 1950 erste Aufträge. Durch ein begrenztes Budget bei Kaman kam es zu Verzögerungen und erst am 21. April 1953 konnte der erste von zwei XHOK-1-Prototypen mit der Flugerprobung beginnen. Danach wurden bis Ende 1957 insgesamt 81 HOK-1 an das Marine Corps und zuerst an VMO-1 in New River, North Carolina geliefert. Folgeaufträge für die US Navy führten zudem zum Bau von 24 HUK-1 bis 1959, die ersten davon wurden HU-2 in Lakehurst, New Jersey übergeben. Beide Modelle waren im Wesentlichen baugleich, kleine Unterschiede gab es in der Bordausrüstung.

Das Marine Corps nutzte ihre HOK-1 vorwiegend für Beobachtungs-, Rettungs- und Transportflüge, setzten sie von Heimatstützpunkten in den Vereinigten Staaten, aber auch einigen Überseebasen wie z.B. Japan und Südkorea aus ein. Als Rettungshubschrauber konnten im Rumpf zwei Krankentragen sowie zwei Sanitäter aufgenommen werden, andererseits war die Beförderung von fünf Passagieren möglich. 1958 testeten

Diese HUK-1 setzt 1959 zur Landung auf der USS Valley Forge *an. Im Flugzeugträgereinsatz erfüllten die Hubschrauber unterschiedlichste Aufgaben und erreichten dabei eine hohe Verfügbarkeitsrate. (Foto: National Museum of Naval Aviation Pensacola)*

Bis Ende der 1950er-Jahre wurden 24 HUK-1 bei der US Navy in Dienst gestellt, 1962 änderte sich ihre Bezeichnung in UH-43C. (Foto: National Museum of Naval Aviation Pensacola)

die Marines die HOK-1 auch zur Fernsteuerung unbemannter Landungsboote vor der kalifornischen Küste und 1959 mit Bewaffnung, wobei drahtgelenkte Luft-Boden-Raketen aus französischer Produktion verschossen wurden. Eine Bewaffnung wurde aber nie serienmäßig eingeführt. Erprobungen fanden zudem als Feuerlöschhubschrauber statt, eine Einsatzaufgabe, die den Hubschrauber in weiterentwickelter Form und nun mit Turbinenantrieb ab Ende der 1950er-Jahre vor allem auf den Stützpunkten und im Dienst der US Air Force sowie unter dem Beinamen Huskie berühmt machte. Hierbei löschte der Hubschrauber aber nicht selbst das Feuer, sondern brachte eine Löschmannschaft und Löschgeräte an den Brandherd. Interessanterweise vermochte der Kaman-Hubschrauber mit den Abwinden (sog. »downwash«) seiner drehenden Rotoren Flammen, Rauch und Hitze recht effektiv vom Brandherd wegzudrücken. Ab 1962 hieß die HOK-1 dann OH-43D und im Mai 1965 endete der Dienst des zuverlässigen Hubschraubers beim Marine Corps.

Im Dienst der US Navy absolvierten die HUK-1 vor allem Einsätze als Rettungsflieger und Transporthubschrauber, wurden landgestützt sowie von Schiffen aus verwendet. Maschinen von HU-1 und HU-2 führten auch Qualifikationen auf den Flugzeugträgern *USS Leyte* (CV-32) und *USS Wasp* (CV-18) durch und waren danach mehrmals an Bord der Trägerkampfgruppen. Hier glänzten sie mit einer Verfügbarkeitsrate von bis zu 98%. Ebenso wurden HUK-1 zeitweilig im Ausland, auf Guam, Japan und den Philippinen stationiert. 1962 änderte sich ihre Bezeichnung in UH-43C, drei Jahre später hatte auch die US Navy die letzten Exemplare ausgemustert. Mit QH-43G wurde hingegen ein Umbau einer einzelnen HOK zu einer Drohne bezeichnet.

Einsatzstaffeln (Auswahl):
HMT-301
HMX-1
HU-1, 2
VMO-1, 2, 6

Auf der Naval Air Station Barbers Point, Hawaii, präsentiert sich diese HUK-1 in ausgezeichnetem Zustand und offenbart ihre typischen Konstruktionsmerkmale wie den geräumigen Rumpf, das einzigartige Rotorsystem oder die großen Leitwerksplatten. (Foto: National Museum of Naval Aviation Pensacola)

Die Marines nutzten den Kaman in größerem Umfang, das abgebildete Exemplar versah in der Staffel VMO-2 seinen Dienst. Im Juni 1960 ist diese HOK-1 bei einer Übung in Südkorea zu sehen und dient von Pohang aus zu Aufklärungsflügen. (Foto: US DoD)

Sikorsky S-56 / HR2S-1 / CH-37C Deuce

Als die S-55 in die Serienproduktion überführt wurde, begannen bereits die Entwurfsarbeiten für einen neuen Helikopter, der die Bezeichnung Großhubschrauber tatsächlich verdienen sollte. Mit der Konstruktion der S-56 reagierte Sikorsky auf eine Forderung des Marine Corps nach einem für große Lasten ausgelegten und für Luftlandeunternehmen geeigneten Hubschrauber.

In ihrer Zeit der größte Drehflügler der westlichen Welt, bot die S-56 ein beeindruckendes Erscheinungsbild. Erstmals kam ein fünfblättriger Hauptrotor zur Anwendung. Seine aus Metall hergestellten Blätter ließen sich halbautomatisch nach hinten falten, was die Wartung gegenüber herkömmlichen Modellen intensivierte. Andererseits sehr robust gebaut, war ein sicherer Flug auch beim Verlust eines der Rotorblätter gewährleistet. Am mächtigen und gleichfalls am hinteren Abschnitt klappbaren Ausleger befand sich ein vierblättriger Heckrotor, weiter vorn gab es zusätzliche Stabilisierungsflossen. An Stummelflügeln beiderseits des Rumpfes waren in klobigen Gondeln zwei kräftige 18-Zylinder-Doppelsternmotoren von Pratt & Whitney untergebracht. Zur Kühlung verfügten diese über ein zusätzli-

Typ	**CH-37C DEUCE**
Verwendung	Transporthubschrauber
Besatzung	2
Triebwerk	zwei Pratt & Whitney R-2800-54 mit je 1545 kW
Hauptrotorkreisdurchmesser	21,95 m
Hauptrotorkreisfläche	379,03 m²
Rumpflänge	19,76 m
Höhe	6,71 m
Leermasse	9385 kg
Startmasse	max. 14.061 kg
Höchstgeschwindigkeit	209 km/h
Steiggeschwindigkeit	4,6 m/s
Dienstgipfelhöhe	2650 m
Reichweite	235 km

Mit der S-56 erfüllte Sikorsky die Anforderungen des Marine Corps nach einem schweren Transporthubschrauber, ab 1957 erfolgte die Indienststellung bei drei Einsatzstaffeln unter der Bezeichnung HR2S-1. (Foto: National Museum of Naval Aviation Pensacola)

Die HR2S-1 eignete sich für Lastentransporte und Anlandemanöver, maximal 36 Marineinfanteristen konnten befördert werden. (Foto: National Museum of Naval Aviation Pensacola)

ches Gebläse. Das Cockpit der S-56 war hoch angesetzt und der Rumpfbug insgesamt wirkte recht wuchtig. Das ist auf die Ausstattung mit zwei aufklappbaren Ladetoren zurückzuführen, durch die Soldaten bei Anlandungen den Hubschrauber verließen oder andere Güter zügig entladen werden konnten. Eine Rampe war beim Ausschleusen von Fahrzeugen hilfreich, bis zu drei Jeeps fanden im Rumpfinnern Platz. Möglich war der Transport von bis zu 4500 kg Fracht, für das Bewegen von Lasten standen Laufschiene und Winde mit einer Tragfähigkeit von 900 kg an der Kabinendecke zur Verfügung. Außerdem war im Kabinenboden eine Ladeluke vorhanden, durch die der an Bord befindliche Lasthaken Außenlasten aufnahm. Normal konnten 20, mit zusätzlichen Sitzen bis zu 36 Soldaten befördert werden. Eine andere Einsatzoption war der Verwundetentransport, wofür man insgesamt 24 Bahren, je sechs mal vier übereinander, in der Kabine befestigte. Für die bordeigene Stromversorgung war ein Hilfsgastriebwerk mit Generator zuständig, an den Rumpfseiten konnten Zusatztanks mit je 1136 l mitgeführt werden. Als einer der ersten Hubschrauber besaß die S-56 ein einziehbares Fahrwerk, wobei die doppelt bereiften Hauptbaugruppen nach hinten in die Triebwerksgondeln klappten, das Heckrad aber unbeweglich blieb.

Nach dem Erstflug des Prototyps am 18. Dezember 1953 unterstützten vier Vorserienmaschinen die ausgiebige Flug- und Einsatzerprobung. Eine erste Serienmaschine flog im Oktober 1955 und im nächsten Jahr stellte das Marine Corps die ersten Exemplare als HR2S-1 in Dienst. Ebenfalls 1956, im November, wurden mit dem Hubschrauber mehrere Weltrekordleistungen erflogen. Dies waren 261,9 km/h auf einer geschlossenen 3-km-Strecke oder 5000 kg Last auf 3722 m sowie beachtliche 6000 kg auf 2000 m Höhe.

Nach der Einsatzerprobung bei HMX-1 in Quantico, Virginia

sowie beim Naval Air Test Center in Patuxent River, Maryland wurden ab 1957 drei Helicopter Marine Transport Squadrons (HMR) in New River, North Carolina sowie auf den kalifornischen Basen Santa Ana und El Toro mit der HR2S-1 ausgerüstet. Für verschiedene Einsätze befanden sich Hubschrauber dieses Typs des Öfteren an Bord von Trägerschiffen wie z.B. 1958/59 auf der *USS Lake Champlain* (CVS-39), *USS Valley Forge* (CVS-45) oder *USS Boxer* (CVS-21) und waren Teil von Anlandemanövern sowie weiteren Übungen zum Transport Schiff zu Land und umgekehrt. Ernst wurde es wenige Jahre später in Südostasien. Seit 1962 hießen die Hubschrauber in Diensten des Marine Corps CH-37C und die ersten sechs Maschinen von HMR-461 gelangten im September 1965 nach Da Nang in Südvietnam. Im März 1966 wurden die HMR-Staffeln in Helicopter Marine Heavy Squadrons (HMH) umbenannt. Die Marines verwendeten die CH-37C bis Mai 1967 über Vietnam und beförderten in 1500 Einsätzen rund 5670 t Fracht sowie 31.000 Passagiere. Auch wurden abgestürzte Flugzeuge geborgen und Artilleriegeschütze transportiert. Lediglich eine Maschine ging 1965 durch Abschuss verloren.

Die US Navy testete zwei HR2S-1W genannte Exemplare von 1956 bis 1959 mit einem gewaltigen Radargehäuse unter dem Rumpfbug. Hier war ein AN/APS-20E-Radar installiert, das der Frühwarnung dienen sollte, aber durch Vibrationen in seiner Leistungsfähigkeit eingeschränkt wurde und damit keine serienmäßige Anwendung fand.

Von der CH-37 wurden insgesamt 154 Exemplare gebaut, die meisten davon gingen an die US Army und das Marine Corps nahm 55 Serienmaschinen ab. Der Hubschrauber wurde bei den Marines nicht unter dem Zusatznamen Mojave, wie ihn die US Army verwendete, sondern als Deuce bekannt.

Einsatzstaffeln (Auswahl):
HMR(M) / HMH-461, 462, 463
H & MS-16
HMX-1

Außenlasttransporte gehörten zu den Einsatzaufgaben der »Deuce«. Die häufig weiß umrandeten Lufteinläufe an den Motorgondeln in Verbindung mit dem allgemeinen Erscheinungsbild führten kaum verwunderlich zum Spitznamen »schielendes Monster«. (Foto: National Museum of Naval Aviation Pensacola)

Zur Frühwarnung testete die US Navy von 1956 bis 1959 zwei als HR2S-1W bezeichnete Exemplare, doch waren die Ergebnisse unbefriedigend. (Foto: National Museum of Naval Aviation Pensacola)

In der Frontalansicht war die Frühwarnversion der »Deuce« an Skurrilität kaum zu übertreffen, das gewaltige Radargehäuse leistete dazu zweifellos seinen Beitrag. (Foto: National Museum of Naval Aviation Pensacola)

Sikorsky S-58 / HSS / HUS / H-34 Seabat / Seahorse

Typ	UH-34D SEAHORSE
Verwendung	Transporthubschrauber
Besatzung	2
Triebwerk	ein Wright 1820-84 mit 1137 kW
Hauptrotorkreisdurchmesser	17,07 m
Hauptrotorkreisfläche	228,81 m^2
Rumpflänge	14,25 m
Höhe	4,85 m
Leermasse	3515 kg
Startmasse	max. 6350 kg
Höchstgeschwindigkeit	196 km/h
Steiggeschwindigkeit	5,6 m/s
Dienstgipfelhöhe	2896 m
Reichweite	345 km
Bewaffnung	ein bis drei MG, zwei Behälter mit ungelenkten Raketen

Als künftiges Ablösemuster für die S-55 gedacht, entstand unter der Werksbezeichnung S-58 ein weiteres Erfolgsmuster für Sikorsky. Bei der Navy war man gerade auf der Suche nach einem U-Boot-Abwehr-Hubschrauber und die Marines sahen sich nach einem flexiblen Einsatztyp für verschiedene Transportaufgaben um.

Die US-Marine hatte eine erste Versuchsmaschine im Juni 1952 bestellt, die Flugerprobung des Prototyps begann am 8. März 1954. Schon im September desselben Jahres flog die erste Serienmaschine der S-58. Die Indienststellung erfolgte als HSS-1 (SH-34G) Seabat und weiterführende Testreihen nahmen ab Ende des Jahres im Naval Air Test Center Patuxent River ihren Lauf. Die in Elizabeth City, North Carolina beheimatete U-Boot-Abwehrstaffel HS-3 wurde im August 1955 zum ersten Abnehmer des neuen Musters, mindestens acht weitere Helicopter Anti-Submarine Squadrons folgten. Bis zu 30 der Hubschrauber befanden sich im Inventar einer Staffel. Schon bald wurden diese Verbände Teil der Carrier Anti-Submarine Air Groups (CVSG) und operierten von Trägerschiffen aus. So z.B. HS-4 von der *USS Boxer*, HS-9 von der *USS Leyte* oder HS-11 von der *USS Wasp*, ihre Einsatzfahrten führten u.a. in den Westpazifik, die Karibik, den Nordatlantik oder

Etwa zehn U-Boot-Jagd-Staffeln der US-Marine erhielten die HSS-1, diese Maschine flog beim Verband HS-4. 1961 erreichte HS-4 als erste dieser Staffeln eine Rund-um-die-Uhr-Bereitschaft. (Foto: National Museum of Naval Aviation Pensacola)

Mit der HSS-1, ab 1962 SH-34G genannt, erhielt die US Navy ihren ersten wirklich brauchbaren Hubschrauber zur U-Boot-Abwehr. An dieser zur U-Boot-Jagd-Staffel HS-2 gehörenden Maschine ist an der Steuerbordseite ein Mk43-Torpedo zu sehen. (Foto: National Museum of Naval Aviation Pensacola)

bis ins Mittelmeer. Häufig wurde dabei die »Hunter/Killer«-Methode mit zwei HSS-1, eine zum Suchen, die andere zum Bekämpfen georteter U-Boote angewandt. Allerdings fehlten der praktische Autopilot für Sucheinsätze mit dem Eintauchsonar sowie eine Allwetterfähigkeit. Verbesserungen versprach die Baureihe HSS-1N, ab 1962 SH-34J genannt. Sie verfügte über ein Dopplernavigationsgerät und Autopilot, Einsätze bei Nacht waren nun möglich und die Suche mit dem AN/AQS-4-Eintauchsonar konnten effizienter gestaltet werden. Ab Oktober 1958 begann die Zuführung der HSS-1N an die Navy-Verbände, zuerst mit der in Key West, Florida und damit zur Atlantik-Flotte zählenden Staffel HS-1 sowie mit der zur Pazifik-Flotte gehörenden Staffel HS-6 im kalifornischen North Island. Mit Dienstbeginn wurde die Stationierung auf Flugzeugträgern zur Regelmäßigkeit, später kamen auch andere Schiffe wie z.B. Lenkwaffenkreuzer der *Albany*-Klasse hinzu. 1961 hatte HS-4 mit seinen Hubschraubern als erste amerikanische U-Boot-Abwehr-Staffel eine Rund-um-die-Uhr-Einsatzbereitschaft erreicht. Zur U-Boot-Abwehr flog die Seabat bis Anfang der 1960er-Jahre, dann entfernte man die Spezialausrüstung und nutzte sie in der Mehrzweckrolle als SH-34G und SH-34J. Hier wurden Unterstützungs-, Seenotrettungs- und Transportaufgaben erledigt, auch kamen die Bergung von Raumfahrtkapseln des Typs Mercury und deren Astronauten hinzu. Die US Navy hatte etwa 385 Seabat-Hubschrauber beschafft, 167 davon machten die Allwettervariante HSS-1N aus. Eine einzelne HSS-1F (SH-34H) wurde mit zwei Turbinen als Antrieb ausgerüstet und ab Ende Januar 1957 im Flug erprobt. Die Marines kauften insgesamt 603 S-58 und stellten sie ab Februar 1957 als HUS-1 Seahorse in Dienst. Dabei bekam zuerst die Transportstaffel HMR-363 auf der kalifornischen Marine Corps Air Station Santa Ana ihre Maschinen. Von Anfang an waren sie für Unterstützungs- und Transportaufgaben vorgesehen, konnten hierbei bis zu 1350 kg Fracht oder zwölf voll ausgerüstete Soldaten aufnehmen. Möglich war auch der Einsatz von Waffen, in Behälterform konnten ungelenkte 70-mm-Raketen oder an Türen montierte 7,62-mm-MG M60 mit je 500 Schuss Munitionsvorrat mitgeführt werden.

In den 1960er-Jahren verloren die SH-34 ihre U-Boot-Jagd-Rolle und wurden zum Mehrzweckeinsatz umgerüstet. An diesem Exemplar wird die Rettung mit der rechts am Rumpf montierten Seilwinde praktiziert. (Foto: National Museum of Naval Aviation Pensacola)

Im April 1962 verlegte das Marine Corps mit der Staffel HMR-362 (ab Oktober HMM-362 genannt) die ersten 24 HUS-1 auf den Stützpunkt Soc Trong im Mekong-Delta und begann damit noch im selben Monat das Engagement der Marines im sich zuspitzenden Vietnamkonflikt. Später operierte der Verband von Da Nang aus und absolvierte bis August 4439 Einsätze, um hauptsächlich den Truppen- und Verwundetentransport zu übernehmen. Als Ablösung kam die Staffel HMM-163 zum Einsatz, die bis Januar 1963 beinah viermal so viele Missionen flog und dabei mehr als 25.000 Soldaten und Ausrüstung beförderte. Zunehmendes Abwehrfeuer am Boden führte zum Anbau von MG und Panzerplatten, dem zusätzlichen

Das robuste Fahrwerk der SH-34 war für Decksoperationen gut geeignet. Beeindruckend der wuchtige Rumpfbug, in dem der Kolbenmotor untergebracht war. (Foto: National Museum of Naval Aviation Pensacola)

Eine besondere Aufgabe fiel den S-58 innerhalb des bemannten amerikanischen Raumfahrtprogramms zu. So waren sie an der Bergung von Raumflugkapseln und deren Astronauten aus dem Meer beteiligt, hier eine HUS-1 der Marines bei der Aufnahme von Mercury 7 im Mai 1962. (Foto: NASA)

Der Einsatz der HUS-1G bei der US-Küstenwache währte nicht lang und war von mehreren Verlusten bei Rettungsflügen gezeichnet. Diese Maschine transportiert ein Flugzeugwrack am Außenlasthaken, der für maximal 2265 kg ausgelegt war. (Foto: National Museum of Naval Aviation Pensacola)

Einsatz von Bordschützen oder die Eskortierung durch andere Hubschrauber als sog. Gunships. Doch reduzierten diese Einbauten die Nutzlast und es konnten nur noch sieben statt normalerweise zwölf Soldaten transportiert werden. Im Mai 1965 gelangte HMM-161 nach Phu Bai in Südvietnam, ab August folgte HMM-363 und insgesamt waren mindestens zehn Marine Corps-Staffeln mit der Seahorse in den Vietnam-Krieg involviert. Sie trug inzwischen die Typenbezeichnung UH-34D. Die weitere Intensivierung der Einsätze in Südostasien führte ab August 1965 zu vorübergehenden Ersatzteilproblemen bei den UH-34 und manche mussten wegen fehlender Rotorblätter am Boden bleiben. Neben der Auslastung setzten auch die klimatischen Verhältnisse der Technik zu; die Nutzungsdauer der Rotorblätter sank von normalerweise 1000 auf nur 200 Flugstunden. Bis zum Dienstende 1969 betrug die Verlustrate bei den Marines 75 UH-34, allerdings konnten viele der abgeschossenen Maschinen geborgen und wieder repariert werden. Die Navy hatte den Hubschrauber bereits früher abgezogen und verzeichnete insgesamt 14 Verluste. Die letz-

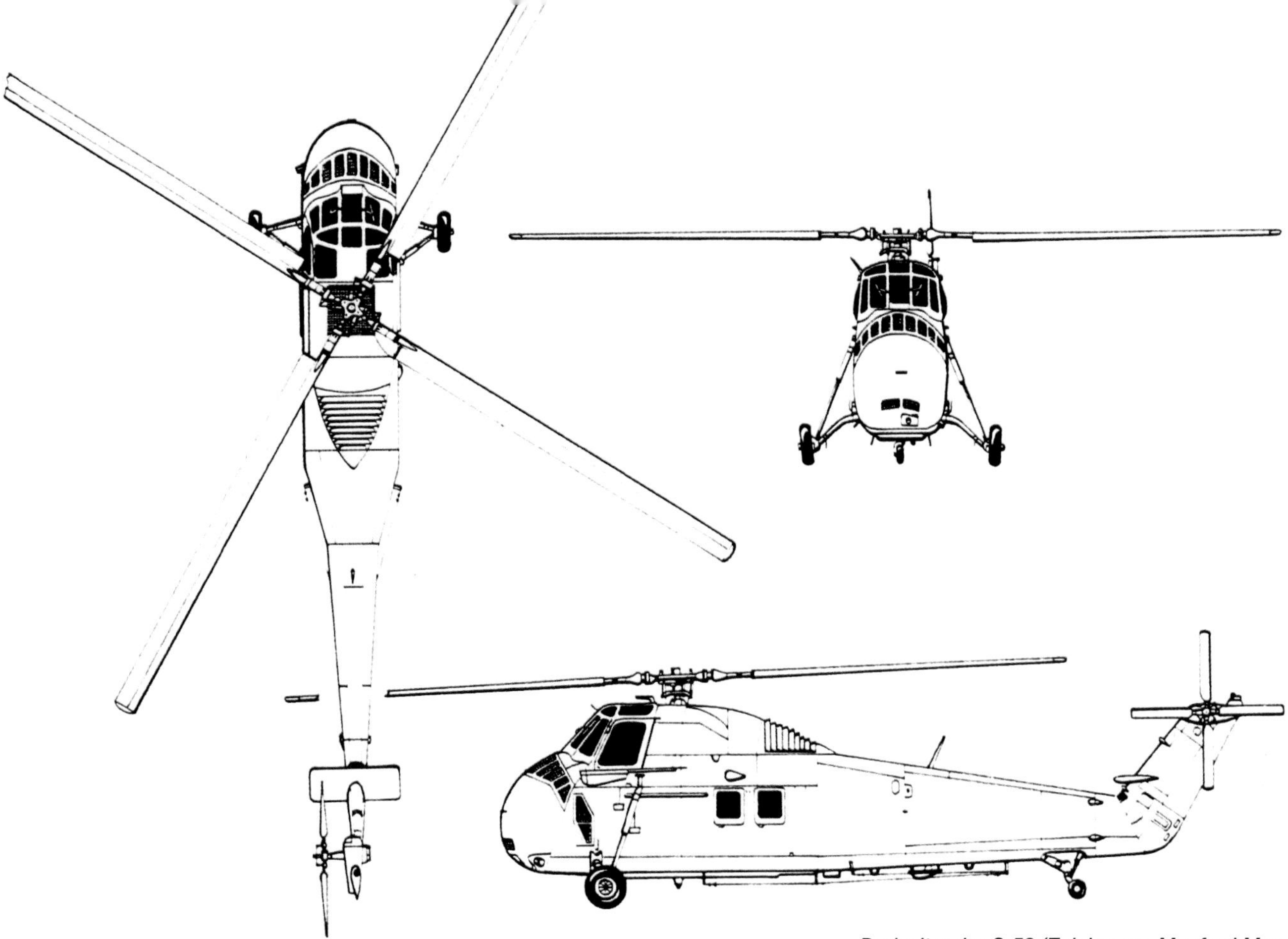

Dreiseitenriss S-58 (Zeichnung: Manfred Meyer)

ten UH-34 in Navy-Diensten schieden im März 1974 aus dem Einsatzinventar.

Natürlich war auch die US Coast Guard stets an modernen und leistungsfähigen Fluggeräten interessiert, sie übernahm ab 1959 sechs HUS-1G, ab 1962 HH-34F genannt. Der Einsatz erfolgte vorwiegend von der CGAS New Orleans, Louisiana, aus und währte nur bis 1962. Der verlief letztlich unglücklich, denn drei Exemplare gingen während dieser Zeit verloren. Gleich zwei der Hubschrauber verunglückten bei einer Rettungsaktion, die der Besatzung eines abgestürzten B-47-Bombers galt und ein weiterer stürzte bei einem anderen Einsatz in den Golf von Mexiko.

Eine weitere Version gab es mit der HUS-1L, die ab 1962 LH-34D hieß und speziell für den Einsatz in kalten Regionen geeignet war. Vier dieser Maschinen waren Bestandteil der Navy-Staffel VX-6 und bei Operationen in der Antarktis (z.B. »Deep Freeze«) beteiligt. Sieben andere Maschinen fungierten dagegen als VIP-Transporter HUS-1Z (VH-34D) innerhalb der Staffel HMX-1 und beförderten mit ihrer modifizierten Ausstattung den US-Präsidenten, seinen Stab und Familie.

Erkennungsmerkmal der S-58 war ein in Ganzmetall-Halbschalenbauweise gefertigter Rumpf, der sich zum Heck verjüngte. Die dabei verwendeten Magnesium-Legierungen führten nicht nur zu Gewichtseinsparungen, sondern boten auch Korrosionsschutz beim Einsatz über Salzwasser. Im klobigen Bug war ein Neunzylinder-Sternmotor untergebracht, der über einen Kühlergrill mit Luft versorgt wurde und durch große Klappen für Wartungsarbeiten gut erreichbar war. Die Antriebswelle führte durch die mit guter Sicht versehene Kabine zwischen den Pilotensitzen direkt zum Hauptgetriebe, das sich im hinteren Rumpfoberteil befand und die Leistung an den jeweils vierblättrigen Haupt- sowie Heckrotor abgab. Die Hauptrotorblätter ließen sich falten und der hintere Heckabschnitt zur Rumpfseite umklappen. Dies war zur Unterbringung in Transportflugzeugen oder an Bord von Schiffen recht praktisch. Das Dreipunkt-Heckradfahrwerk war jeweils einfach bereift und stabil ausgelegt, ein Teil der ausgelieferten Maschinen erhielten unter der Bezeichnung UH-34E zusätzliche aufblasbare Schwimmer. Zum Transport von Außenlasten konnte ein Lasthaken genutzt werden, der sich unter dem Laderaum befand.

Einsatzstaffeln (Auswahl):

HMR / HMM-161, 163, 261, 361, 362, 363, 364, 365, 561
HMMT-301
HMX-1
HS-1, 2, 3, 4, 5, 6, 7, 8, 9, 11, 871, 872
HT-8
HU-1

Bell H-1 Iroquis / Venom

Im Vietnamkrieg erreichte der Hubschrauber eine nie zuvor gekannte Popularität, man nannte den Konflikt auch den »Krieg der Helikopter«. Für jedermann blieb vor allem ein Hubschrauber in Erinnerung: die Bell UH-1, besser bekannt als »Huey« und für viele der »amerikanischste« Hubschrauber überhaupt. Ihre meist dunkelgrüne Erscheinung und z.T. mit seitlich aus Fenstern und Türen ragenden MG, der Einsatz in unzugänglichen Gebieten und begleitet vom typisch klopfenden Geräusch eines Bell-Zweiblattrotors prägte sich für immer bei vielen Generationen als das Bild eines Militärhubschraubers ein. Tausende dieser Maschinen waren während des Konflikts in Südostasien täglich in der Luft, wobei die meisten davon von der US Army eingesetzt wurden. Doch auch die Huey's von Navy und Marine Corps hatten ihren Anteil am Kriegsgeschehen.

Typ	UH-1E IROQUIS
Verwendung	Mehrzweckhubschrauber
Besatzung	2
Triebwerk	ein Lycoming T53-L-11 mit 820 kW
Hauptrotorkreisdurchmesser	13,41 m
Hauptrotorkreisfläche	141,26 m²
Rumpflänge	12,31 m
Höhe	3,87 m
Leermasse	2293 kg
Startmasse	max. 4309 kg
Höchstgeschwindigkeit	220 km/h
Steiggeschwindigkeit	7,1 m/s
Dienstgipfelhöhe	6400 m
Reichweite	460 km
Bewaffnung	optional MG- und Raketenbehälter an zwei Aufhängepunkten, drehbarer Turm mit zwei 7,62-mm-MG unter dem Rumpf

Ausgangspunkt des erfolgreichen und mit rund 16.000 Exemplaren bis heute am meisten gebauten Hubschraubers war Bells Modell 204, das in den 1950er-Jahren für Sanitäts- und Unterstützungsflüge entwickelt und am 22. Oktober 1956 zum Erstflug gebracht wurde. Bis zum Ende des Jahrzehnts fanden die ersten Serienhubschrauber den Weg ins Einsatzinventar der US Army und erhielten die Dienstbezeichnung HU-1. Hieraus resultiert auch der weitverbreitete Zusatzname Huey, obwohl Iroquis der eigentlich offizielle, aber kaum verwendete war. Mit der Einführung eines einheitlichen Bezeichnungssystems im September 1962 änderte sich die Dienstbezeichnung des Hubschraubers offiziell in UH-1 und inzwischen waren auch die US-amerikanischen Marineflieger auf diesen Typ aufmerksam geworden. Die auf den frühen Hauptserienversionen B und C basierende Variante UH-1E wurde schließlich zum ersten Einsatzmodell für das US Marine Corps und wurde ab Februar 1964 geliefert. Erstabnehmer war VMO-1 in New River, North Carolina. Im selben Jahr kamen die ersten Maschinen auch bei der Staffel VMO-6 auf der MCAS Futenma in Japan an und gelangten im nächsten Jahr nach Chu Lai in Südvietnam. Mit den zunehmenden Kampfhandlungen in Südostasien fielen den Huey's vielerlei Aufgaben zu und sie wurden zu Beobachtungs-, Aufklärungs- und Verbindungsflügen, dem Verwundeten- und Personentransport, zur Evakuierung eingeschlossener Einheiten sowie als Gunships genutzt. Hierzu erhielten die UH-1E Rüstsätze mit vier vorwärts feuernden 7,62-mm-MG vom Typ M60 plus zwei LAU-Behälter mit ungelenkten 70-mm-Raketen an den Rumpfseiten, ab April 1967 zudem einen vom Piloten gesteuerten Kinnturm mit zwei zusätzlichen M60-MG unter dem Rumpf. So eskortierten diese Gunships z.B. Transporthubschrauber oder bekämpften aufgespürte Gegner. Am 27. Oktober 1967 musste VMO-2 auf dem südvietnamesischen Stützpunkt Da Nang durch eine Attacke der Vietcong-Rebellen große Verluste hinnehmen, als neben zahlreichen UH-34-Hubschraubern auch 13 Huey's zerstört und vier weitere beschädigt wurden. Kurzfristig stellte VMO-6 dem Schwesterverband sieben Ersatzmaschinen zur Verfügung, besaß nun aber selbst nur noch sieben. Während

Ab 1964 wurde das Marine Corps zum Huey-Kunden und erhielt als erstes die hier gezeigte Variante UH-1E. (Foto: National Museum of Naval Aviation Pensacola)

Während des Vietnamkrieges verwendete die US Navy-Einheit HAL-3 UH-1-Helikopter als schwer bewaffnete Gunships. Rund 120.000 Einsätze absolvierte die Staffel von 1967 bis zur ihrer Auflösung 1972. (Foto: National Museum of Naval Aviation Pensacola)

NAVY

HAL-3 operierte mit seinen Huey's hauptsächlich über dem Mekong-Delta. Einsatzbasen waren Landstützpunkte, Uferplattformen und Schiffe. (Foto: National Museum of Naval Aviation Pensacola)

Ab Anfang der 1970er-Jahre nutzten US Navy und Marine Corps 50 HH-1N für Rettungsflüge. Hier eine solche Maschine während einer Übung. (Foto: National Museum of Naval Aviation Pensacola)

Dank einer Zwillingsturbine verfügte die UH-1N über höhere Leistung sowie mehr Sicherheit. Außerdem gab es Verbesserungen im Avionik- und Sensorbereich, Rotorkreisdurchmesser und Rumpf wurden vergrößert. (Foto: US Navy / Dustin Kelling)

Aus dieser Sicht wird die nicht zu unterschätzende Größe der auf der zivilen Bell 212 basierenden UH-1N deutlich. Gut zu erkennen sind außerdem die Abgasöffnungen der zwei Turbinen. Die beiden Maschinen gehören zur Staffel HMLA-467. (Foto: US Navy)

des Einsatzes im Vietnamkrieg verloren die Marines 69 UH-1, davon 53 durch Abschuss und nochmal 32 Maschinen mussten nach Unfällen abgeschrieben werden.

Die UH-1E war in der Marines-Konfiguration 1963 erstmals geflogen und wie die Vorgänger in Ganzmetall-Halbschalenbauweise, nun aber wegen möglicher Korrosionsschäden beim Einsatz über Wasser vollständig aus Aluminium hergestellt. Sie nutzte ebenfalls zweiblättrige Haupt- und Heckrotoren aus Metall, für den Betrieb auf Schiffen mit einer Rotorbremse für das schnelle Abschalten des Drehmoments ausgestattet. Den Antrieb besorgte eine einzelne Lycoming T53-L-11-Turbine mit 820 kW Leistung. Die befand sich auf dem Rumpf, gleich hinter dem Rotormast mit Getriebe und konnte alle gängigen Kraftstoffe verwenden. In der Kabine konnten bis zu acht Soldaten oder drei Tragbahren plus Sanitäter oder Fracht bis zu einem Gewicht von 1360 kg aufgenommen werden. Typisch waren ferner Kufen als Fahrwerk, optional konnte die Montage von Rädern für Rollbewegungen an Land oder von Schwimmern erfolgen. Marinespezifische Änderungen betrafen vor allem einige Instrumente sowie Avionikbaugruppen sowie die Ausrüstung mit einer Rettungswinde. Insgesamt 192 (anderen Quellen zufolge mehr als 200) UH-1E gingen bis 1968 an das Marine Corps, wobei die ersten 34 auf der UH-1B, die restlichen auf der UH-1C basierten. Eine stärkere T53-L-13-Turbine mit 1000 kW Leistung stellte später ein nützliches Upgrade dar. Weitere 20 baugleiche, aber mit Doppelsteuer versehene Maschinen dienten als Einsatztrainer TH-1E vorwiegend im kalifornischen Camp Pendleton.

Zum Ende der 1960er-Jahre hatte auch die US Navy die ersten Hueys übernommen, zunächst acht UH-1B aus Army-Beständen. Auch diese Hubschrauber wurden dann als Gunships mit MG, Granat- und Raketenwerfern bestückt und während des Vietnamkrieges hauptsächlich über dem Mekong-Delta eingesetzt. Die aus der Staffel HC-1 hervorgegangene Einheit HAL-3 (Helicopter Attack Light Squadron 3) wurde hierbei offiziell am 1. April 1967 in Vung Tau, Vietnam aufgestellt. Allein bis Ende des Jahres absolvierte HAL-3 mit seinen Hueys 9000 Flugstunden in Südostasien, häufig begleiteten sie Patrouillenboote bei ihren Einsätzen oder operierten auch von Plattformen dieser Boote. In der Folgezeit übernahmen diese Hubschrauber Aufklärungs- und Rettungsflüge, unterstützten auch zunehmend abgesetzte Navy Seals. Insgesamt wurden es während des Einsatzes in Vietnam rund 120.000 Kampfeinsätze für HAL-3, bei denen mehr als 50 UH-1, auch der Versionen C, M und L sowie HH-1K, teilweise aus Army-Beständen geflogen worden. Rund zehn dieser Maschinen gingen während der Einsätze verloren, einige davon wurden abgeschossen und mindestens 15 weitere, oft durch gegnerisches Feuer, beschädigt. UH-1-Gunships verschossen allein im Jahr 1971 rund 17 Millionen 7,62-mm- sowie 2,4 Millionen 12,7-mm-Geschosse, 32.313 40-mm-Granaten sowie 96.696 ungelenkte 70-mm-Raketen. Die Einheit HAL-3 wurde schließlich Anfang 1972 wieder aufgelöst.

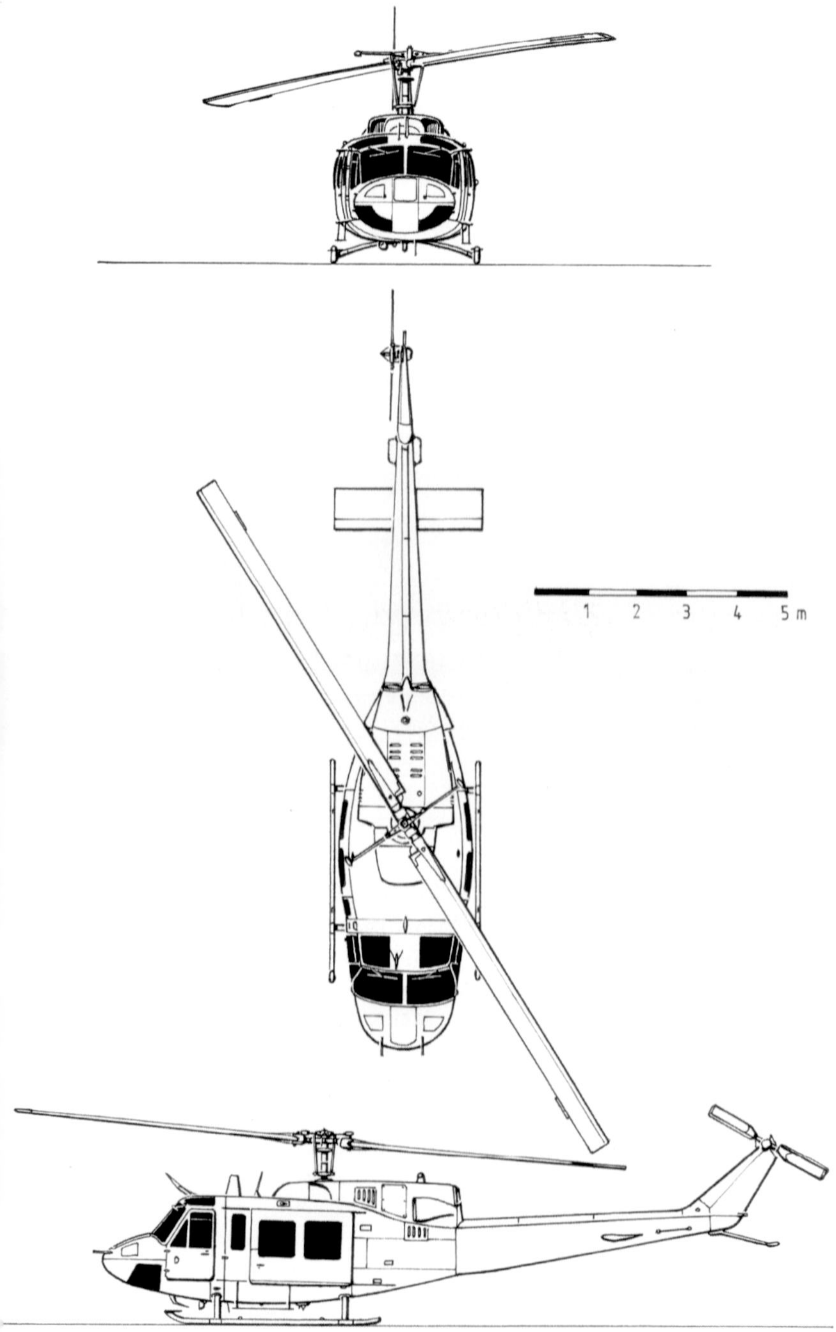

Dreiseitenriss UH-1N (Zeichnung: Manfred Meyer)

Typ	UH-1Y VENOM
Verwendung	Mehrzweckhubschrauber
Besatzung	2
Triebwerk	zwei General Electric T700-GE-401 mit je 1285 kW
Hauptrotorkreisdurchmesser	14,63 m
Hauptrotorkreisfläche	167,87 m²
Rumpflänge	13,40 m
Höhe	4,23 m
Leermasse	5369 kg
Startmasse	max. 8390 kg
Höchstgeschwindigkeit	304 km/h
Steiggeschwindigkeit	12 m/s
Dienstgipfelhöhe	6100 m
Reichweite	645 km
Bewaffnung	optional MG- und Raketenbehälter an zwei Aufhängepunkten

Neben der Lieferung von 27 HH-1K an die US-Marine gelangten auch mindestens 45 TH-1L zu Schulungszwecken ab November 1969 an die Navy, mit modifiziertem T53-Triebwerk und zweckspezifischer Ausstattung. Sie dienten zunächst in der Trainingsstaffel HT-8 in Ellyson Field, Florida, später und bis 1983 auch im Verband HT-18 und nach dem Umzug der Trainingseinrichtung Ende 1973 auf der NAS Whiting Field.

Im April 1971 begann die Auslieferung von sogenannten »Twin-Hueys« an die amerikanischen Marineflieger, einer neuen Einsatzvariante mit verbesserten Leistungen dank eines stärkeren Antriebs. Der bestand nun aus einer Zwillingsturbine Pratt & Whintney Canada PT6T-3 mit 1324 kW Leistung und sorgte vor allem für eine höhere Sicherheit und Zuverlässigkeit. Gerade bei zügig zu erfolgenden Anlande- oder Evakurierungsmanövern oder Operationen über offenen Gewässern war dies ein wesentlicher Pluspunkt gegenüber den Vorgängermodellen mit nur einem Triebwerk. Ein gutes Dutzend Einsatzstaffeln des Marine Corps erhielten die meisten der 205 gelieferten UH-1N mit HMA-269 in New River, North Carolina als Erstempfänger. Die UH-1N ist die militärische Ausführung des Bell Modells 212 mit dem geräumigeren Rumpf der Bell 205 für bis zu 14 Soldaten oder sechs Tragbahren oder eine Nutzlast von 1760 kg. Optional gehörten ein Lasthaken für Außenfrachten, eine Rettungswinde, aufblasbare Schwimmer oder auch zusätzliche Avionik zur Ausrüstung. Die UH-1N erreichte ein Startgewicht von bis zu 5080 kg und eine Reichweite von 400 km, allerdings konnten Zusatztanks die Kraftstoffkapazität von 814 auf maximal 1495 l und damit auch die Flugdauer beträchtlich erhöhen. UH-1N kamen seitens des Marine Corps in jüngeren Konflikten so etwa in Grenada und im Libanon, in kleinerer Anzahl auch auf dem Balkan und in größerem Umfang während der Operation »Desert Storm« 1991, danach weiterhin im Nahen und Mittleren Osten und bis zum Jahr

Spektakuläre Aufnahme einer bis an die Zähne bewaffneten UH-1N: neben Abschussbehältern für ungelenkte Raketen sieht man links ein 12,7-mm-MG und rechts eine mehrläufige 7,62-mm-Revolverkanone samt den jeweiligen Bordschützen. (Foto: US Navy)

2010 über Afghanistan zum Einsatz. Ableitungen entstanden zudem als Rettungshubschrauber HH-1N sowie für die Staffel HMX-1 gedachte VH-1N als VIP-Transporter. Im August 2014 beendeten die Marines den Einsatz der Ausführung UH-1N, ein Teil der Maschinen war schon zuvor in die neue Version UH-1Y umgebaut und Ende 2001 erstmals geflogen worden. Anfangs plante man die Umrüstung vorhandener Maschinen in einer Größenordnung von mindestens 100 Exemplaren, doch 2005 fiel die Entscheidung, die meisten der 160 bestellten UH-1Y neu zu bauen. Für den Mehrzweckbereich gedacht, fliegt das Muster heute in sieben Einsatz- und einer Umschulungs- sowie zwei Reservestaffeln. Die Einheiten haben jeweils bis zu zwölf dieser Maschinen im aktiven Bestand. Nach der Umschulungs- und Trainingsstaffel HMLAT-303 wurde HMLA-367 in Camp Pendleton, Kalifornien erster Einsatzverband der UH-1Y und im August 2008 eine anfängliche Einsatzbereitschaft erreicht. Im Folgejahr befanden sich Maschinen des Typs an Bord der *USS Boxer* (LHD-4). In den HMLA-Staffeln werden sie im Verbund mit den neuesten Kampfhubschraubern der Cobra-Serie, der AH-1Z Viper, eingesetzt und gelangten innerhalb der Operation »Enduring Freedom« mit HMLA-167 ab 2013 erstmals ins Kriegsgebiet Afghanistan.

Die UH-1Y trägt offiziell den Zusatznamen Venom und verfügt über einige markante Neuerungen, die den Einsatzwert deutlich erhöhen. Dazu zählen die jeweils vierblättrigen und nunmehr aus Kunststoff gefertigten Haupt- und Heckrotoren, ein gegenüber der UH-1N um 0,5 m verlängerter Rumpf, eine erhöhte Nutzlast von bis zu 3021 kg, zwei neue Turbinen T700-GE-401 mit je 1285 kW Leistung, ein überarbeitetes Cockpit inklusive Head-up-Display, Multifunktionsbildschirmen sowie Missionscomputer, des Weiteren Nachtsichtgläser oder auch ein Helmvisier für die Crew, GPS und SATCOM, infrarot- und elektrooptische Sensoren, weiterentwickelte Warn- sowie neuere Waffensysteme. Noch immer sind Testeinheiten wie VMX-1 in Yuma, Arizona oder auch die zur US Navy gehörende Staffel HX-21 in Patuxent River, Maryland damit beschäftigt, das volle Potenzial der Venom auszuloten sowie weitere Upgrades zu testen und zu integrieren und damit einen zeitgemäßen Einsatz für die folgenden Jahrzehnte zu ermöglichen.

Einsatzstaffeln (Auswahl):
HAL-3, 5
HML / HMLA-167, 169, 267, 269, 367, 369, 767, 771, 773, 776
HMLAT-303
HMX-1
HT-8, 18
VMM-261
VMO-1, 2, 3, 5, 6

Die neueste Baureihe UH-1Y verfügt über einen vierblättrigen Hauptrotor. In dieser außergewöhnlichen Perspektive sind die vier Rotorblätter gefaltet, um für einen Überführungsflug in den Rumpf einer mächtigen C-5B Galaxy zu passen. Links im Hintergrund erkennt man eine AH-1Z. (Foto: US DoD)

Als UH-1Y Venom wird der zuverlässige Einsatz der Huey in ihrer modernsten und leistungsstärksten Ausführung fortgeführt. Die UH-1Y kommt auf ein Startgewicht von 8390 kg, die Reichweite beträgt 645 km und die Höchstgeschwindigkeit 304 km/h. (Foto: USMC)

Boeing Vertol HRB-1 / H-46 Sea Knight

Nach dem Weggang Piasecki's wurde das Unternehmen 1956 in Vertol Aircraft Corporation umbenannt und 1960 schließlich Teil von Boeing. In dieser Zeit entstand bei Vertol in Eigenfinanzierung ein mittelschwerer Transporthubschrauber mit Tandemrotoren, welcher als Modell 107 am 22. April 1958 seinen Erstflug absolvierte. Kurz darauf begann sich die US Army dafür zu interessieren, entschied sich aber letztlich für eine größere Ausführung, die als Modell 114 sowie unter der Dienstbezeichnung CH-47 Chinook äußerst erfolgreich werden sollte. Von den ursprünglichen drei Prototypen des Modells 107 baute Vertol zwei Exemplare zur zivilen 107-II um, die wiederum als militärische Transportversion an einer Ausschreibung nach einem Kampfzonentransporter für das US Marine Corps teilnahm und schlussendlich als Gewinner hervorging.
Nun als Modell 107M bezeichnet, sollte der Hubschrauber normalerweise zwölf bis 17, bei Bedarf bis zu 25 ausgerüstete Marineinfanteristen oder aber entsprechendes Gerät bis hin zum Geländewagen aufnehmen, wobei zum schnellen Be- und Entladen eine Rampe sowie ein integriertes Ladesystem mit Laufrollen plus ein Lasthaken für Außenlasten unter dem Rumpf zur Verfügung standen. Die Nutzmasse konnte bis zu 1815 kg betragen und bei späteren Baureihen auf mehr als 3000 kg erhöht werden. Weitere Aufgaben sollten je nach Anforderung aus Such- und Rettungsflügen, auch mit Tragbahren für Verwundete, Unterstützungs- und Verbindungseinsätzen sowie Spezialoperationen bestehen. Der in Ganzmetall-Halbschalenbauweise hergestellte, wasserdichte Rumpf war auf ruhiger See schwimmfähig, das feste Dreibeinfahrwerk war für hohe Sinkraten robust ausgelegt. Zwei auf dem Hinterrumpf gesetzte T58-Turbinen trieben die beiden dreiblättrigen Rotoren an, die aus Metall sowie einem Verbundwerkstoffanteil gefertigt wurden. Sie ließen sich bei Bedarf hydraulisch falten. Beide Rotorengetriebe waren mit einer Welle verbunden und ermöglichten somit auch den Betrieb bei Ausfall eines Triebwerks. Die Crew bestand optional aus bis zu fünf Mitgliedern, wenn zwei davon die aus den seitlichen Fenstern ragenden 12,7-mm-MG, Typ Browning M2, bedienten. Neben dem Lademeister gab es zwei Piloten, denen eine Standard-Funk- und Navigationsausrüstung zur Verfügung stand. Ferner zählten Doppler-Gerät, Radarhöhenmesser, taktische Navigationshilfe (TACAN) oder ein Freund-Feind-Erkennungssystem zur Avionik.
Als Dienstbezeichnung war zunächst HRB-1 vorgesehen, noch vor dem Erstflug des Serienmusters am 16. Oktober 1962 änderte sich diese in CH-46A Sea Knight. Nach ausgiebigen Versuchsreihen wurde die Marines-Staffel HMM-265 auf der Marine Corps Air Station New River, North Carolina im Juni 1964 erster Empfänger der CH-46A. Im nächsten Jahr waren es fünf

Typ	CH-46E SEA KNIGHT
Verwendung	Transporthubschrauber
Besatzung	2–5
Triebwerk	zwei General Electric T58-GE-16 mit je 1394 kW
Rotorkreisdurchmesser	je 15,24 m
Rotorkreisfläche	je 182,41 m²
Rumpflänge	13,66 m
Höhe	5,09 m
Leermasse	5255 kg
Startmasse	max. 11.022 kg
Höchstgeschwindigkeit	256 km/h
Steiggeschwindigkeit	8,7 m/s
Dienstgipfelhöhe	5180 m
Reichweite	1019 km
Bewaffnung	optional 7,62- und 12,7-mm-MG an Türen, Fenstern und Heckladerampe

Einsatzverbände, insgesamt 160 dieser Hubschrauber liefen dem Marine Corps zu.
Als UH-46A erhielt die US Navy 14 baugleiche Maschinen, welche ab 1964 Transport- und Unterstützungseinsätze und auch die Nachschubversorgung unter verschiedenen Schiffen leisteten, in amerikanischen Diensten als Vertical replenishment (VERTREP) bezeichnet und mit der Sea Knight erstmals im November 1964 praktiziert.
Ein verbesserter Serienstandard inklusive stärkeren T58-GE-10-Turbinen mit jeweils 1040 kW Leistung, neuen Rotorblättern oder Panzerung hielt mit der CH-46D ab 1966 Einzug. Ihre Nutzmasse konnte auf 3175 kg und zugleich die Zuverlässigkeit erhöht werden. Das Marine Corps beschaffte 266 dieser Hubschrauber und die Navy zehn. Einige wurden später für Search-and-Rescue-Einsätze in HH-46D umgebaut, ebenso wie zuvor etwa 50 CH-46A in HH-46A und sie konnten bis zu 15 Krankentragen aufnehmen. Hinzu kam die Installierung einer Rettungswinde auf der Steuerbordseite oder auch eines Suchscheinwerfers.
Während des Vietnamkrieges kam eine große Anzahl von Sea Knight, zuerst CH-46A mit der Staffel HMM-164 ab März 1966 zum Einsatz. Über 7300 Einsätze wurden von diesen 27 CH-46 in den ersten drei Monaten in Südostasien absolviert, Tau-

Vertol gelang es, einen weiteren Hubschrauber mit Tandemrotoren in die Serienfertigung und den großflächigen Einsatz zu bringen. Ab Mitte der 1960er-Jahre wurde die Sea Knight ein wichtiges Einsatzmuster für US Navy und Marine Corps, hier sind zwei CH-46D bei der Nachschubversorgung unterwegs. (Foto: US Navy)

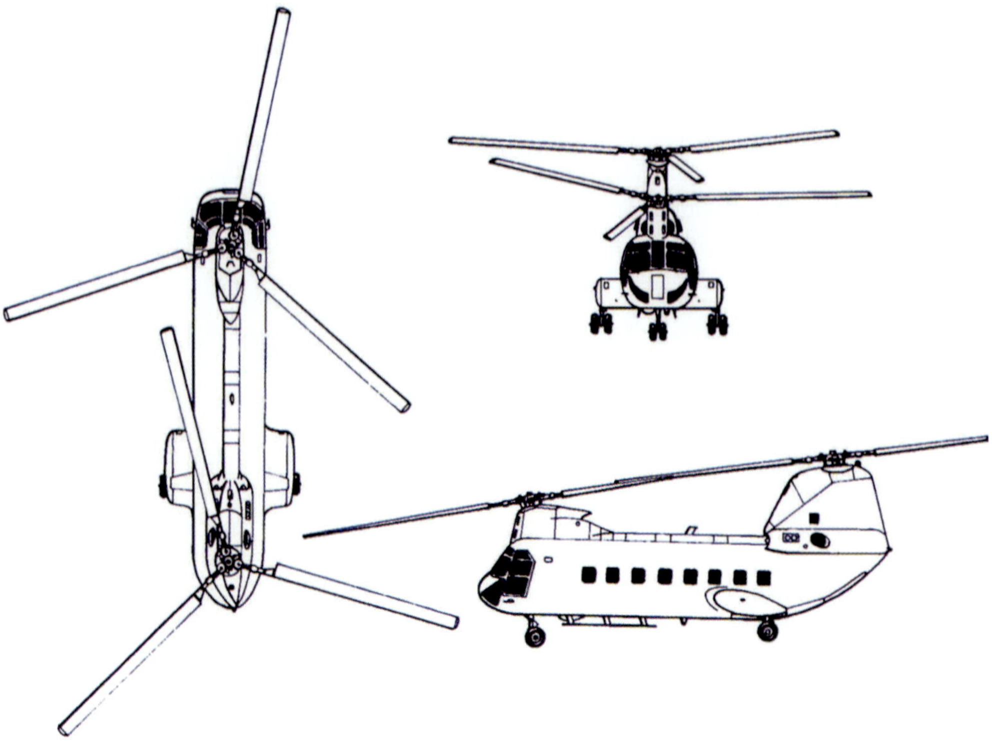

Dreiseitenriss der zivilen Version KV-107 (Zeichnung: Manfred Meyer)

sende von Personen und knapp 1400 Tonnen Fracht an Bord genommen. Im Mai folgte mit HMM-265 die nächste CH-46-Staffel zum Kriegsschauplatz und bis Ende des Jahres kamen mit HMM-165 und 262 zwei weitere hinzu. Allerdings blieben technische Probleme nicht aus und ließen den Einsatzwert sinken, schon Mitte 1966 hatte es erstmals Flugverbot für die Sea Knight gegeben. Zusätzliche Panzerungen an lebenswichtigen Baugruppen einschließlich dem Cockpitbereich führten zu zusätzlichem Gewicht und Leistungsverlust, statt 25 konnten dadurch nur 15 Marineinfanteristen aufgenommen werden. Aufgewirbelte Fremdkörper in unwirtlichen Gegenden führten andererseits zur Überhitzung der Turbinen. Ab Februar 1968 führten Verbesserungen inklusive Filtern vor den Lufteinlässen der Turbinen zur vollen Leistungsfähigkeit der CH-46. Im gleichen Jahr hatten diese Hubschrauber eine Einsatzzahl von 180.000 Flügen erreicht und hatten dabei rund 500.000 Soldaten transportiert. Inbegriffen sind dabei auch 8700 Verwundetentransporte. So wurden die CH-46 zum wichtigsten Transporthubschrauber der Marines in diesem Konflikt, führten Transport- und Versorgungsflüge, Truppenanlandungen und letztlich auch Rückführungen bis hin zur Evakuierung der US-amerikanischen Botschaft in Saigon im April 1975 durch. Entsprechend groß waren auch die Verluste. Allein 106 CH-46 der Marines wurden abgeschossen, drei weitere auf Stützpunkten durch Attacken des Vietcong zerstört und 50 andere mussten wegen Havarien abgeschrieben werden.

Mit den Erfahrungen im Vietnamkrieg begann man die Sea Knight zu verbessern, insbesondere um eine Überlebensfä-

Dieses dramatische Foto zeigt eine UH-46D, die im September 1992 beim Munitionstransport am Heck der USS Suribachi *(AE-21) verunglückte. Ursache war ein technischer Defekt. Erstaunlicher- und glücklicherweise wurde nur eine Person bei dem spektakulären Unfall verletzt. (Foto: US Navy)*

Optional konnte die CH-46 auch bewaffnet werden. Diese zum Marine Corps gehörende Maschine besitzt mehrere 7,62- und 12,7-mm-MG an Fenstern, Türen und Heckladerampe, die von Soldaten bedient werden. (Foto: US DoD)

Beheimatet auf der MCAS Beaufort, South Carolina, dienten diese HH-46D zu Rettungsflügen und konnten jeweils mit bis zu 15 Krankentragen ausgerüstet werden. Für diesen Einsatzzweck erhielten sie zudem eine auffällige Lackierung in Tagesleuchtfarbe. (Foto: US DoD)

Modernisierte CH-46E mit ihren vergrößerten Schwimmern erhielten wegen ihres plumperen Aussehens intern den Spitznamen »Bullfrog« (Ochsenfrosch). (Foto: US DoD)

Auf der USS Iwo Jima *(LHD-7) stehen Wartungs- und Reinigungsarbeiten an. Für das Übersetzen von Marineinfanteristen an Land befanden sich üblicherweise zwölf dieser Hubschrauber an Bord der amphibischen Angriffsschiffe, hier handelt es sich um CH-46E der Marine Corps-Staffel HMM-774. (Foto: US DoD)*

higkeit durch Beschuss mit leichten Waffen oder bei harten Landungen zu erhöhen. Neben strukturellen Verstärkungen, Verbesserungen an Hydraulik und Avionik wurde die Leistung der Triebwerke nochmals erhöht und die Rotorblätter wurden durch die ausschließliche Verwendung von Verbundwerkstoffen leichter. Der Kraftstoffvorrat stieg in den nunmehr vergrößerten Schwimmern am hinteren Rumpfabschnitt an und befand sich in selbstdichtenden Tanks. Vermehrt wurden auch Radarwarnempfänger und Täuschkörperwerfer angebaut. Annähernd 300 Maschinen entstanden ab Mitte der 1970er-Jahre durch Umrüstung vorheriger Modelle und hießen fortan CH-46E. Ende der 1980er-Jahre gab es eine weitere Kampfwertsteigerung an zahlreichen Exemplaren, unter anderem mit erhöhter Kraftstoffkapazität, einer höheren Überlebensfähigkeit bei Wasserungen, die Ausrüstung mit GPS sowie Nachtsichtgläsern, eine verstärkte Panzerung oder einem Infrarotstörsystem. Letzte neu gebaute Variante war die hauptsächlich im Avionikbereich aufgewertete CH-46F, von der das Marine Corps noch einmal 174 Maschinen kaufte. Vier davon wurden zu VIP-Flügen innerhalb der Staffel HMX-1 verwendet. Die Marines testeten die Sea Knight samt Eintauchsonar auch zur U-Boot-Abwehr, doch erlangte diese Variante wie auch eine zum Minenräumen offerierte MH-46 keine Serienreife. Dagegen wurde eine kleine Anzahl der jüngeren Exemplare für Search-And-Rescue-Einsätze ab 2008 zu HH-46E umgerüstet und in die Staffel HMR-1 eingegliedert.

Die Marines verwendeten ihre CH-46 zu weiteren bewaffneten Aktionen etwa 1983 in Grenada oder im Golfkrieg 1991. Hier kamen Maschinen von insgesamt acht Staffeln an den Konfliktherd, ihre Basen waren Landstützpunkte oder verschiedene amphibische Angriffsschiffe wie die *USS New Orleans, Saipan* und *Tarawa*. Normal konnten die Schiffe bis zu zwölf dieser Helikopter aufnehmen. Auch in den jüngeren Engagements im Irak sowie in Afghanistan spielten sie eine Rolle und übernahmen zahlreiche Unterstützungsflüge. Wenn auch etwas später und auch in geringerem Umfang als ursprünglich geplant, er-

Verschiedene Modernisierungen verlängerten die Einsatzzeit der Sea Knight, im Bild eine CH-46 des Navy-Verbandes HC-11 im Jahr 2001. Drei Jahre später endete jedoch der Dienst bei der US-Marine, während das Marine Corps seine Maschinen bis August 2015 betrieb. (Foto: US Navy)

setzten die Marines ihre Maschinen vor einigen Jahren durch die MV-22B Osprey. Rund 20 Einsatz- sowie Reservestaffeln flogen die CH-46 beim Marine Corps, der Dienst endete im August 2015. Die US Navy, wo die Sea Knight in mindestens acht operationellen Einsatzstaffeln, aber auch innerhalb des Training Command von November 1974 bis Mai 1977 vom Verband HCT-16 geflogen wurde, musterte den Hubschrauber bereits im September 2004 endgültig aus.

Einsatzstaffeln (Auswahl):
HC-1, 3, 4, 5, 6, 7, 8, 11, 16
HCT-16
HMM-163, 164, 165, 166, 261, 262, 263, 264, 265, 266, 268, 364, 365, 764, 774
HMMT-164
HMT-204, 301
HMX-1
VMR-1

Sikorsky S-61 / HSS-2 / H-3 Sea King / Pelican

Der Einsatz von Turbinentriebwerken versprach auch im Hubschrauberbau Vorteile und zugleich einen leistungsbezogenen Fortschritt. Neben einer höheren Antriebsleistung konnte zudem Gewicht eingespart werden, ruhigere Flugmanöver und damit ausgereiftere Einsatztechniken wurden außerdem möglich. Die US Navy förderte schon in den 1950er-Jahren die Entwicklung der T58-Wellenturbine von General Electric, um damit möglichst bald einen neuen leistungsstarken Hubschrauber auszustatten. Dazu beauftragte die US-Marine Ende 1957 das Unternehmen Sikorsky mit der Entwicklung eines fortschrittlichen Amphibienhubschraubers zur U-Boot-Suche und –Bekämpfung, der statt der bisherigen Vorgehensweise im »Hunter/Killer«-Team beide Aufgaben in sich vereinigen sollte. Damit schloss die Ausrüstung sowohl Eintauchsonar als auch das Mitführen von Bewaffnung ein.
Resultat war die S-61, ein mittlerer Hubschrauber mit einem schwimmfähigen Rumpf mit bootsförmiger Unterseite und zu beiden Seiten mit Stabilisierungsschwimmern versehen. Erstmalig kam ein vollautomatisch faltbarer Fünfblattrotor zum Einsatz, der von zwei nebeneinander liegenden T58-Turbinen angetrieben wurde. Die Rotorblätter presste man aus einem Stück und befüllte sie mit Gas, welches bei Rissen entweichen

Typ	SH-3H SEA KING
Verwendung	U-Boot-Abwehr-Hubschrauber
Besatzung	4
Triebwerk	zwei General Electric T58-GE-10 mit je 1044 kW
Hauptrotorkreisdurchmesser	18,90 m
Hauptrotorkreisfläche	280,47 m²
Rumpflänge	16,69 m
Höhe	5,13 m
Leermasse	5602 kg
Startmasse	max. 9752 kg
Höchstgeschwindigkeit	267 km/h
Steiggeschwindigkeit	8,6 m/s
Dienstgipfelhöhe	4480 m
Reichweite	1005 km
Bewaffnung	Torpedos, Wasserbomben an zwei Aufhängepunkten

Zur platzsparenden Unterbringung an Bord ließen sich bei der Sea King die Rotorblätter falten und das Heck beiklappen. Diese SH-3G gehört zur Einheit HC-2, die unterschiedliche Aufgaben einschließlich zahlreicher Rettungs- und Evakuierungsflüge wahrnahm. (Foto: US Navy)

In Formation fliegend, gehören diese fünf SH-3H zur U-Boot-Jagd-Staffel HS-12. In der Nahbereichs-U-Boot-Abwehr stellte die Sea King ab Mitte der 1960er-Jahre das wichtigste Einsatzmuster dar, elf Helicopter Antisubmarine Squadrons erhielten den Hubschrauber. (Foto: US Navy)

konnte und diesen Defekt dann im Cockpit anzeigte. Die Lager des Rotors wurden während des Betriebs mit Öl geschmiert, eine Neuerung, die den Wartungsaufwand verringerte. Das Heck konnte Platz sparend an den Rumpf geklappt werden, backbord gab es einen ebenfalls fünfblättrigen, manuell faltbaren Ausgleichsrotor sowie steuerbord eine Stabilisierungsflosse. Als Fahrwerk waren zwei doppelt bereifte Hauptbaugruppen vorhanden, die bei Bedarf in die Stützschwimmer einzogen, das einfach bereifte Spornrad am Heck war dagegen starr. Auf der rechten Seite des in Ganzmetall-Halbschalenbauweise gefertigten Rumpfes gab es eine große Ladetür zur Kabine. Ein Doppler-Radar AN/APN-130 sowie ein AN/APN-117-Radarhöhenmesser von Ryan sorgten für Allwetterfähigkeit, weiterhin zählten eine taktische Navigationshilfe AN/ARN-21, ein Navigationscomputer sowie ein Freund-Feind-Erkennungssystem zu den wichtigen Bestandteilen der Avionik. Hinzu kam einsatzspezifisch zunächst ein AN/AQS-10-Eintauchsonar von Bendix, das vom Hubschrauber an einem Kabel bis zu 150 m Länge ins Wasser reichte. Mittels automatischem Stabilisierungs- und Flugregelsystem konnten der Schwebeflug in vorprogrammierter Höhe durchgeführt und die Piloten dadurch entlastet werden. Zwei Systemoperateure bedienten die Sensoren und werteten die aufgefangenen Daten in der Kabine aus. Erfasste Ziele konnten nachfolgend mit Wasserbomben sowie Torpedos, in letzter Konsequenz auch nuklearen Tiefseebomben des Typs B57 bekämpft werden.

Eine erste als YHSS-2 bezeichnete Versuchsmaschine machte am 11. März 1959 den Erstflug, zwei Jahre später lief die Serienproduktion an. Noch im September 1961 erreichten die ersten, im Dienst mit HSS-2 Sea King bezeichneten Hubschrauber die am Pazifik, im kalifornischen Imperial Beach beheimatete Einsatzstaffel HS-10. An der Atlantikküste in Norfolk, Virginia wurde die Staffel HS-3 zum Erstempfänger. Im gleichen Jahr konnten auch Trägerqualifikationen an Bord der *USS Lake Champlain* komplettiert werden. Bis Ende 1963 waren alle zwölf Helicopter Anti-Submarine Squadrons (HS) der US-Marine mit der Sea King ausgerüstet, die Dienstbezeichnung hatte sich im Jahr zuvor in SH-3A geändert. Die Sollstärke dieser Staffeln betrug normal 16 Hubschrauber. Ab 1962 begannen die Einsatzfahrten auf Flugzeugträgern wie der *USS Hornet, Intrepid* oder *Yorktown* sowie anderen Kriegsschiffen. Die Einsatztaktiken zur U-Boot-Abwehr konnten weiter verbessert werden, abwerfbare Sonarbojen fanden Einzug ins Inventar und wurden bei Bedarf aus den Schwimmern ausgestoßen.
Die SH-3 demonstrierte frühzeitig ausgezeichnete Leistungen. Schon im Dezember 1961 wurden mehrere Geschwindigkeitsrekorde über Strecken von 100, 500 und 1000 km aufgestellt, im Februar 1962 sogar stattliche 339 km/h als Weltbestleistung erflogen. Ohne Nachtanken in der Luft überflog eine SH-3A am 6. März 1965 die Vereinigten Staaten, nachdem sie vom vor San Fransisco liegenden Flugzeugträger *USS Hornet* ge-

Ältere Sea King-Modelle wurden für die US-Marine ab 1972 zu SH-3H umgebaut und profitierten u.a. von einem verbesserten AN/ AQS-13-Eintauchsonar, wie hier im Einsatz zu sehen. (Foto: US DoD)

startet war und 15h52min später auf der *USS Franklin D. Roosevelt* landete, die vor Mayport, Florida ankerte.

Die Navy nahm insgesamt 255 SH-3A ab, eingeschlossen darin die ersten zehn Vorserienmaschinen XHSS-2. Neun Serienexemplare wurden unter der Bezeichnung RH-3A zum Minensuchen und -zerstören umgebaut und 1964 in Dienst gestellt. 1966 schloss das Naval Air Test Center (NATC) die Versuchsreihen mit der RH-3A ab, die auch an Bord der *USS Ozark* (MCS 2) stattfanden. Im Folgejahr waren RH-3A mit der Staffel HC-6 auf dem Schiff im Atlantik unterwegs, noch 1969 wurden bis zu zwei der Maschinen schiffsgestützt von der *USS Catskill* (MCS 1) aus im Pazifik eingesetzt. Mit HH-3A wurden

UH-3H-Maschinen entstanden wiederum durch Umbau, aus ehemaligen U-Boot-Jägern wurden Mehrzweckhubschrauber. Für einen Bergungseinsatz hält sich die Crew, einschließlich Rettungsschwimmer, an der geöffneten Tür bereit. (Foto: US Navy)

An der steuerbord befindlichen Winde konnten sich auch Rettungsschwimmer abseilen. Gut zu erkennen das rechte, bei Bedarf einziehbare Hauptfahrwerk der UH-3. (Foto: US Navy)

zwölf weitere Umrüstmaschinen bezeichnet, die der 1967 aufgestellten Staffel HC-7 zu Search-and-Rescue-Einsätzen im unmittelbaren Kampfgebiet dienten. Diese Maschinen konnten in der Luft betankt werden und damit ihre Flugweite ausdehnen, sie besaßen eine Panzerung sowie in den Schwimmern 7,62-mm-MG.

Mindestens acht Sea King wurden als VH-3A an den Verband HMX-1 ausgeliefert, mit denen VIP-Flüge für den US-Präsidenten und seinen Stab absolviert wurden. Hierbei teilten sich das Marine Corps sowie die US Army noch die Zuständigkeiten im Einsatz, wobei HMX-1 praktisch als einzige Marines-Staffel die Sea King nutzte und in der Version VH-3D bis heute fliegt.

Ab 1966 wurde die verbesserte Version SH-3D in 96 Exemplaren produziert. Die stärkeren T58-GE-10-Turbinen leisteten nun 1044 kW statt zuvor je 932 kW, außerdem war die Kraftstoffkapazität dieses U-Boot-Abwehrhubschraubers um mehr als 500 l gestiegen. Auch gab es wieder eine Ableitung für VIP-Flüge, elf VH-3D wurden ab 1975/76 mit modifiziertem Equipment ausgeliefert. Jahre zuvor, ab 1970, begann für die Navy bereits die Umrüstung von 105 SH-3A zu SH-3G, die für den Mehrzweckbereich gedacht waren. Die ausreichend große Kabine bot für Verbindungs- und Absetzflüge Platz zur Beförderung von Fracht oder bis zu 28 Soldaten. Auch Einsätze zur Seenotrettung boten sich an, bis zu neun Verletzte auf Tragen sowie zwei Sanitäter konnten aufgenommen werden. Die SH-3G wiederum wurden neben weiteren SH-3A in einer Größenordnung von etwa 160 Exemplaren durch Umbauten zu der 1972 erstmals geflogenen Version SH-3H. Hierbei hielt vor allem moderneres Equipment zur U-Boot-Abwehr Einzug in die Ausrüstung des Hubschraubers. Das leistungsfähigere AN/AQS-13-Eintauchsonar oder ein AQS-81-Detektor zum Aufspüren magnetischer Anomalien wurden zum Standard und weitere Komponenten der Bordelektronik modernisiert. Zudem fand zusätzlicher Kraftstoff in den Schwimmern Platz. Später gab es nochmals Umbauten von einigen SH-3H zu UH-3H-Mehrzweckhubschraubern, die bis ins 21. Jahrhundert flogen.

Die Sea King war zu Dienstbeginn ein wesentlicher Fortschritt für die US-Marine und stellte für Jahrzehnte das Rückgrat in der Nahbereichs-U-Boot-Abwehr dar. Zu diesem Zweck flogen SH-3 in verschiedenen Versionen und als Teil mehrerer Verbände auch Seepatrouillen während des Vietnamkrieges etwa im Golf von Tonkin. Sie beteiligten sich zudem als Plane Guards bei Rettungseinsätzen von havarierten und abgeschossenen Flugzeugbesatzungen in der Nähe von Trägerschiffen über dem Meer sowie bis in nordvietnamesisches Territorium. Bei derartigen Missionen wurden vier SH-3 abgeschossen, sechs weitere verlor die US Navy durch Unfälle. Bereits in den 1960er-Jahren waren diese Hubschrauber auch bei der Bergung von Astronauten und den Raumkapseln der Gemini- sowie Apollo-Serie aus dem Meer beteiligt und erreichten schon bald mehr als eine Million Flugstunden.

Noch während des Golfkrieges 1991 gelangten insgesamt 36 SH-3H der Navy-Staffeln HS-3, 7, 9, 11, zwölf und 14 sowie von verschiedenen Trägerschiffen aus in über 5000 Flugstunden zur Minensuche, zur logistischen Unterstützung, zu Such-

Im August 2002 diente diese UH-3H von HC-2 zum Absetzen von Schwimmern, die im Arabischen Golf als Kampfmittelräumer tätig wurden. (Foto: US Navy)

Diese SH-3 musste aufgrund eines Getriebeschadens notwassern. Man erkennt einen der zusätzlichen, aufblasbaren Schwimmer (rot) am linken Ponton. Dummerweise platzte der rechte Zusatzschwimmer und so drehte sich der Hubschrauber kurz vor Erreichen des Rettungsbootes vollständig auf den Rücken. Er konnte letztlich jedoch geborgen und wieder instandgesetzt werden. (Foto: US Navy)

Die US Coast Guard nutzte das Sikorsky-Modell S-61R mit einem völlig neuen Rumpf und modifizierter Avionik als HH-3F Pelican. Bis zum Einsatzende 1994 waren diese Hubschrauber an unzähligen Rettungsaktionen beteiligt. Diese Maschine operierte von der USCG Station San Francisco aus. (Foto: USCG)

und Rettungsflügen sowie zu Spezialoperationen zum Einsatz. Ferner wurde die SH-3G der Staffel HC-2 während der Operation »Desert Storm« vom Kommandoschiff *USS La Salle* aus zum Transport von Personal sowie zu Kommunikationseinsätzen bis hin zum Hauptquartier des Kommandos der Streitkräfte im Mittleren Osten in Bahrein verwendet. Doch setzte in den 1990er-Jahren auch die Ablösung des Hubschraubers ein und bis 1994 waren die letzten SH-3H bei der Pazifik-Flotte ausgemustert. Die letzte, zur Staffel HSC-2 gehörende Sea King in Navy-Diensten wurde im Januar 2006 in Norfolk, Virginia, feierlich außer Dienst gestellt.

Auch die US-Küstenwache schätzte die Sea King als Einsatzmuster, hier trug sie allerdings den Zusatznamen Pelican. Sie verfügte über den überarbeiteten Rumpf des für die US Air Force gedachten Sikorsky-Modells S-61R mit Heckladerampe und neuen Schwimmern. Insgesamt 40 Maschinen wurden ab 1968 gekauft und als HH-3F auf mindestens acht Coast Guard Air Stations für den Langstreckenbereich in Dienst gestellt. Dabei operierten sie auch in unwirtlichen Gegenden wie Alaska und profitierten von ihrer Allwettertauglichkeit. Ein in der auffälligen Bugnase installiertes AN/APN-195-Radar mit maximal 95 km Reichweite war hierzu hilfreich, ergänzt um weitere Geräte wie dem Navigationscomputer AN/AYN-1 oder dem automatischen Flugkontrollsystem AFCS. Amphibientauglich konnte die HH-3F auch auf dem Wasser betankt werden, an der rechten Rumpfseite befand sich die Rettungswinde mit über 270 kg Tragfähigkeit. Bei der US Coast Guard währte der Einsatz des Hubschraubers bis 1994, in dieser Zeit retteten HH-3F und ihre Crews 23.169 Menschenleben und waren bei Rettungsaktionen von weiteren 65.000 Personen beteiligt.

Einsatzstaffeln (Auswahl):
HC-1, 2, 7, 16
HMX-1
HS / HSC-2, 3, 4, 5, 6, 7, 8, 11, 14, 75, 85
VC-5, 8

Sikorsky S-62 / HH-52 Seaguard

Während die US Navy die S-61 Sea King bei Sikorsky in Auftrag gegeben hatte, baute das Unternehmen in Eigeninitiative und mit firmeneigenen Mitteln zur selben Zeit an einem weiteren, etwas kleineren Hubschrauber. Der startete als S-62 sogar noch vor der S-61 zu seinem Erstflug und wurde damit für den Hersteller zum ersten Amphibienhubschrauber und zugleich zu seinem ersten Hubschrauber mit Turbinenantrieb. Hierbei fand eine einzelne T58 Verwendung, die in doppelter Ausführung auch in der S-61 zum Einbau gelangte und gegenüber dem bisherigen Kolbenmotorantrieb Gewicht einsparen half. Entwicklung und Bau konnten zudem durch die Nutzung bereits vorhandener Baugruppen vorheriger Sikorsky-Hubschrauber verkürzt werden. Dazu zählten die Köpfe und Blätter von Haupt- sowie Heckrotor, Getriebegehäuse, Hydraulik- und Flugkontrollsysteme. Neu war neben dem Turbinenantrieb vor allem ein Leichtmetallrumpf mit bootsförmiger Unterseite und verstärktem Kabinenboden, der zusammen mit den seitlichen Stützschwimmern eine hervorragende Stabilität auf dem Wasser garantierte. So war die S-62 von Anfang an als Amphibienhubschrauber ausgelegt, konnte von Land, Wasser, Eis,

Typ	HH-52A SEAGUARD
Verwendung	Rettungshubschrauber
Besatzung	2
Triebwerk	ein General Electric T58-GE-6 mit 930 kW
Hauptrotorkreisdurchmesser	16,16 m
Hauptrotorkreisfläche	205,10 m²
Rumpflänge	13,59 m
Höhe	4,32 m
Leermasse	2172 kg
Startmasse	max. 3765 kg
Höchstgeschwindigkeit	163 km/h
Steiggeschwindigkeit	5,5 m/s
Dienstgipfelhöhe	4265 m
Reichweite	740 km

Beinah zeitgleich zur S-61 entwickelte Sikorsky die kleinere, mit nur einem Triebwerk ausgerüstete S-62, die ebenfalls voll schwimmfähig war. Die US-Küstenwache wurde zum größten Kunden des Hubschraubers und stellte ihn 1963 als HH-52A in Dienst. (Foto: US Navy)

In ihrer Einsatzlaufbahn war die HH-52A recht erfolgreich und rettete tausendfach Menschenleben. Diese Maschine trägt einen speziellen, voluminöseren Rettungskorb an der Winde und zeigt die Aufnahme eines Geretteten. (Foto USCG)

Schnee und schlammigen Untergrund aus eingesetzt werden. Die einzeln bereiften Hauptfahrwerke konnten halb versenkt in den Stabilisierungsschwimmern Platz finden und wurden von einem fest montierten Heckrad ergänzt. Von der auf der Steuerbordseite befindlichen Kabinentür konnte eine 1,2 m große Plattform ausgeklappt und damit die Aufnahme in Seenot geratener Personen auf dem Wasser erleichtert werden. Als Rettungshubschrauber gehörten ferner eine Rettungswinde mit 270 kg Tragfähigkeit sowie entsprechende Aufnahmekörbe zur Ausrüstung, ein automatisches Stabilisierungssystem (ASE) war ebenfalls hilfreich. Bis zu elf Personen fanden in der Kabine Platz, möglich war stattdessen die Einrüstung von Zusatztanks und außerdem der Außentransport von Lasten bis zu 1360 kg an einem Haken unter dem Rumpf.

Die S-62 hatte am 14. Mai 1958 mit der Flugerprobung begonnen, knapp zehn Monate vor der S-61. Die gelangte allerdings früher in den regulären Einsatz, während die S-62A im Juni 1960 ihre FAA-Zulassung erhielt und zuerst zivile Nutzer fand. Es folgte die S-62B mit dem Rotorsystem der S-58, aber mit kürzeren Rotorblättern und schließlich die S-62C als oben beschriebene Seenotrettungsvariante. Die wurde gemeinsam von Sikorsky und der US-Küstenwache, auch im Naval Air Test Center Patuxent River, Maryland, erprobt. Hierzu gehörten Tests auf dem Wasser mit Wellengängen von zwei bis drei Metern Höhe. Die Testreihen mit dem Hubschrauber wurden im Februar 1962 abgeschlossen und schließlich wählte die US Coast Guard im Sommer die S-62C als künftiges Einsatzmuster aus. Fürs erste wurden 28 Maschinen bestellt, der vorläufige Dienstname HU2S-1G ausgewählt und noch im selben Jahr in HH-52A Seaguard geändert. Die ersten Exemplare wurden der US Coast Guard Air Station Salem, Massachusetts Anfang 1963 übergeben. Letztendlich sollte die US-Küstenwache der größte Abnehmer des Typs werden, insgesamt wurden 99 HH-52A bestellt und bis 1969 abgeliefert. So war die Seaguard auf beinah allen Stützpunkten der Küstenwache, von Alaska bis Hawaii, über New Jersey bis nach Florida anzutreffen und übernahm zahlreiche Einsätze, auch von kleineren Schiffen sowie Eisbrechern aus. Dabei flogen sie nicht nur Rettungseinsätze, sondern dienten auch zur Überwachung von Schifffahrtsrouten, Seegebieten, Hafen- und Transportanlagen, zur Navigationshilfe für andere Einheiten, unternahmen Unterstützungsflüge im logistischen Bereich und standen in Bereitschaft, im militärischen Sektor ähnlich geartete Aufgaben bei Bedarf zu absolvieren. Sie leisteten viele wertvolle Einsätze. So retteten z.B. im Herbst 1967 nach dem Hurrikan »Beulah« die beiden in Ellington Field, Texas stationierten HH-52A im südöstlichen Landesteil allein 451 Personen aus Notlagen. Drei Jahre zuvor warfen diese beiden Maschinen über 4500 kg Insektizide ab, um Ausbrüche von Enzephalitis einzudämmen. Im November 1979 kamen Seaguard wiederum von Ellington Field aus zu einem weiteren spektakulären Einsatz, als im Golf von Mexiko, nahe dem texanischen Galveston, der Tanker *Burmah Agate* sowie das Frachtschiff *Momosa* kollidierten. Die Hubschrauber evakuierten nachfolgend 27 Besatzungsmitglieder von den brennenden Schiffen und realisierten mehr als 115 Flugstunden zur Überwachung von möglichen Umweltverschmutzungen.

Für die US Coast Guard war die HH-52A ein nützliches, zuverlässiges Einsatzmuster, dessen Dienst im Juni 1989 endete. In der jahrelangen Einsatzlaufbahn konnten mit dem Hubschrauber über 15.000 Menschenleben gerettet werden. Eine Weiterentwicklung als S-63 und ausgestattet mit vierblättrigem Hauptrotor wurde nicht verwirklicht.

Im Dienst der US Coast Guard war die HH-52A bis in die 1980er-Jahre der wichtigste Rettungshubschrauber und in allen Klimazonen der USA anzutreffen. (Foto: USCG)

Kaman K-20 / H-2 Seasprite / Super Seasprite

Das Unternehmen Kaman wurde durch eine Reihe von Hubschraubern mit ineinanderkämmenden Rotoren bekannt und überließ die konventionelle Anordnung der Rotoren anderen Firmen. Umso mehr überraschte, dass ausgerechnet Kaman eine 1956 herausgegebene Navy-Ausschreibung nach einem allwettertauglichen Mehrzweckhubschrauber mit dem Modell K-20 und ausgestattet mit Haupt- sowie am Heck befindlichen Ausgleichsrotor für sich entscheiden konnte. Im November 1957 folgte der Auftrag zum Bau von vier Prototypen sowie zwölf Vorserienmaschinen, die vor der Einführung eines einheitlichen Bezeichnungssystems innerhalb der US-Streitkräfte im Jahr 1962 YHU2K-1 bzw. HU2K-1 genannt wurden.

Kaman lieferte eine kompakte Konstruktion mit zweckmäßigen Lösungen ab. Eine 932 kW starke T58-GE-8-Turbine trieb einen manuell faltbaren Haupt- und Heckrotor an. Die Hinterkanten des vierblättrigen Hauptrotors erhielten revolutionäre Servoklappen, welche aerodynamische Kräfte zum Steuern des Anstellwinkels der Rotorblätter nutzten und vom Pilot bedient werden konnten. So brauchte der Anstellwinkel der Rotorblätter nicht an der Blattwurzel verändert werden, doch war ein gewisses Feingefühl der Piloten hierzu erforderlich, ebenso ein erhöhter Wartungsaufwand. Neben der zweiköpfigen Crew fanden im geräumigen Rumpf normal vier, maximal aber bis zu zwölf Passagiere oder aber zwei bis vier Verwundete auf Tragbahren und später verschiedene Gerätschaften für andere Einsatzzwecke Platz. Der Bug konnte zweigeteilt nach links und rechts zurück geklappt werden, um damit weniger Raum auf Schiffen zu beanspruchen. Während das Heckrad starr ausgelegt wurde, konnten die Hauptbaugruppen nach vorn in den wasserdichten Rumpf einziehen und eine Wasserung auf ruhiger See stellte kein Problem dar. Nützlich waren hierbei aufblasbare Luftkissen am vorderen Rumpfabschnitt, des Weiteren war steuerbord eine Rettungswinde mit einer Tragfähigkeit von 270 kg vorhanden. Der Hubschrauber konnte im Schwebeflug in der Luft von Schiffen aus betankt werden, als brauchbar erwiesen sich von Anfang an Dopplerradar, Radarhöhenmesser, Navigationscomputer und ein automatisches Stabilisierungssystem.

Typ	UH-2A SEASPRITE
Verwendung	Mehrzweckhubschrauber
Besatzung	2
Triebwerk	ein General Electric T58-GE-8B mit 932 kW
Hauptrotorkreisdurchmesser	13,41 m
Hauptrotorkreisfläche	143,41 m²
Rumpflänge	12,30 m
Höhe	4,72 m
Leermasse	2767 kg
Startmasse	max. 4627 kg
Höchstgeschwindigkeit	261 km/h
Steiggeschwindigkeit	8,8 m/s
Dienstgipfelhöhe	5305 m
Reichweite	1080 km

Eine UH-2A der Staffel HC-7 kurz vor der Betankung vom Schiff aus im Schwebeflug. Kopilot und Matrosen bringen den Betankungsschlauch hierfür in eine geeignete Position. (Foto: National Museum of Naval Aviation Pensacola)

Der erste Prototyp begann am 2. Juli 1959 mit der Flugerprobung, Ende Dezember 1962 trafen die ersten Serienmaschinen als UH-2A Seasprite auf der Naval Air Station Lakehurst, New Jersey ein. So wurde an der Ostküste die Staffel HU-2 erster Nutzer, zu Anfang des Jahres 1963 auch HU-1 in Ream Field, Kalifornien, und damit an der Westküste. Beide Einheiten übernahmen mit ihren UH-2A bald Plane Guard-Aufgaben

Speziell zur Evakuierung aus der Gefechtszone erhielt die Version HH-2C eine Sonderausstattung mit Panzerplatten, 7,62-mm-MG an den Rumpfseiten und einer sechsläufigen Revolverkanone gleichen Kalibers im Kinnturm. (Foto: National Museum of Naval Aviation Pensacola)

Mit zwei Torpedos bewaffnet, übernimmt diese Seasprite die U-Boot-Bekämpfung. Zugleich entspricht der Hubschrauber der sogenannten LAMPS I-Konfiguration (Light Airborne Multi-Purpose System) und kann von Schiffen aus die U-Boot-Jagd anderer seegestützter Verbände unterstützen. (Foto: US DoD)

Eine SH-2F kurz vor der Landung auf der Fregatte USS Cook *(FF-1083). Der Hubschrauber gehört zur leichten U-Boot-Abwehr-Staffel HSL-35. (Foto: US DoD)*

von Flugzeugträgern aus. Ab 1964 führten die Einsätze von UH-2A der Staffel HU-1 und zuerst an Bord der Trägerschiffe *USS Kitty Hawk* und *USS Oriskany* nach Südostasien, wo gerade der Vietnamkrieg eskalierte. Zum Schluss sollten es weit über 50 Einsatzfahrten von Seasprite-Hubschraubern zum Konfliktherd werden, die später auch von anderen Staffeln wie z.B. HC-5 oder HC-7 bestritten wurden. Bis 1973 mussten zehn Seasprite als Verluste abgeschrieben werden, die meisten davon durch Unfälle und nicht durch Feindberührung. Mittlerweile spielten dabei auch weiterentwickelte Varianten eine Rolle. Nach 84 UH-2A folgten nahezu zeitgleich 102 UH-2B in die Produktion. Sie besaßen eine vereinfachte Navigationsausrüstung und waren nicht allwettertauglich, außerdem konnten sie nicht von Schiffen aus im Schwebeflug betankt werden. Die brauchbare Eigenschaft wurde erst später durch entsprechende Nachrüstungen ermöglicht. Schiffsgestützt begann der Dienst der UH-2B als Teil der Staffel HU-4 auf dem Kreuzer *USS Albany* im August 1963. In Südostasien kamen bis Anfang 1972 auch sechs Umrüstmaschinen HH-2C Seasprite der Staffel HC-7 als Rettungshubschrauber in direkten Kampfzonen zum Einsatz, die mit Panzerplatten und mit Spezialausstattung versehen waren. Hierzu zählten 7,62-mm-MG vom Typ M60 in einem Kinnturm sowie an den Rumpfseiten. Eine wesentliche Neuerung und zugleich eine Erhöhung der Sicherheit stellte der nunmehr aus zwei Turbinen bestehende Antrieb dar.

Im März 1966 war mit der UH-2C eine weitere Umbauvariante erstmals geflogen. Wie bei den HH-2C gelangten jetzt zwei Turbinen, ein vier- statt dreiblättriger Heckrotor sowie doppelt- statt zuvor einfach bereifte Hauptfahrwerke zur Anwendung. Von 1968 bis 1971 waren UH-2C ebenfalls auf dem südostasiatischen Kriegsschauplatz anzutreffen. Ab 1969 folgten rund

70 Umbauten zu unbewaffneten HH-2D, die wiederum von zwei T58-Turbinen angetrieben wurden und der Seenotrettung dienten. Zuerst ab Februar 1970 auf der NAS Lakehurst stationiert, nahmen mindestens vier Maschinen im nächsten Jahr mit entsprechender Ausrüstung und an Bord verschiedener Lenkwaffenkreuzer der *Belknap*-Klasse an der Ost- und Westküste der Vereinigten Staaten Versuche zur U-Boot- und Raketenabwehr auf. Damit waren sie Ausgangsbasis der SH-2D, die im März 1971 zu ihrem Erstflug startete. Die SH-2D war die so genannte LAMPS (Light Airborne Multi-Purpose System)-Ausführung, welche schiffsgestützt von Fregatten, Kreuzern und Zerstörern aus die U-Boot-Bekämpfung oder Störung von abgefeuerten Raketen realisieren sollte. Dank ihrer Größe eignete sich die Seasprite gut zum Betrieb auf den kleinen Flugdecks dieser Schiffe, das Einsatzequipment erfuhr eine wesentliche Aufwertung. So gab es unter dem Vorderrumpf ein leistungsstarkes LN-66HP-Suchradar von Canadian Marconi, steuerbord einen schleppbaren AQS-81-Detektor für magnetische Anomalien (MAD) von Texas Instruments sowie bis zu 15 abwerfbare Sonarbojen. Letztere erwiesen sich gegenüber einem Eintauchsonar als effektiver und wurden von einem am Rumpf montierten Gestell auf der Backbordseite ausgestoßen. Hinzu kamen Torpedos, Leuchtkörper und Rauchmarkierer, optional Zusatztanks an beiden Rumpfseiten sowie die Ausrüstung mit einem ALR-54-Gerät zur elektronischen Kampfführung. So wurde die Crew um einen Sensorbediener erweitert, andererseits waren Rettungsflüge inklusive der Bestückung mit Tragbahren weiterhin möglich. Erstemp-

Üblich für die Seasprite war die Bestückung mit Zusatztanks an den Rumpfseiten. Gut zu sehen auch das runde Gehäuse für das LN-66-Überwachungsradar unter dem Bug. (Foto: US DoD)

Typ	SH-2G SUPER SEASPRITE
Verwendung	U-Boot-Abwehr-Hubschrauber
Besatzung	3
Triebwerk	zwei General Electric T700-GE-401 mit je 1285 kW
Hauptrotorkreisdurch-messer	13,41 m
Hauptrotorkreisfläche	143,41 m²
Rumpflänge	12,30 m
Höhe	4,57 m
Leermasse	3447 kg
Startmasse	max. 6218 kg
Höchstgeschwindigkeit	275 km/h
Steiggeschwindigkeit	12,4 m/s
Dienstgipfelhöhe	6218 m
Reichweite	1000 km
Bewaffnung	Torpedos, Wasserbomben an zwei Aufhängepunkten

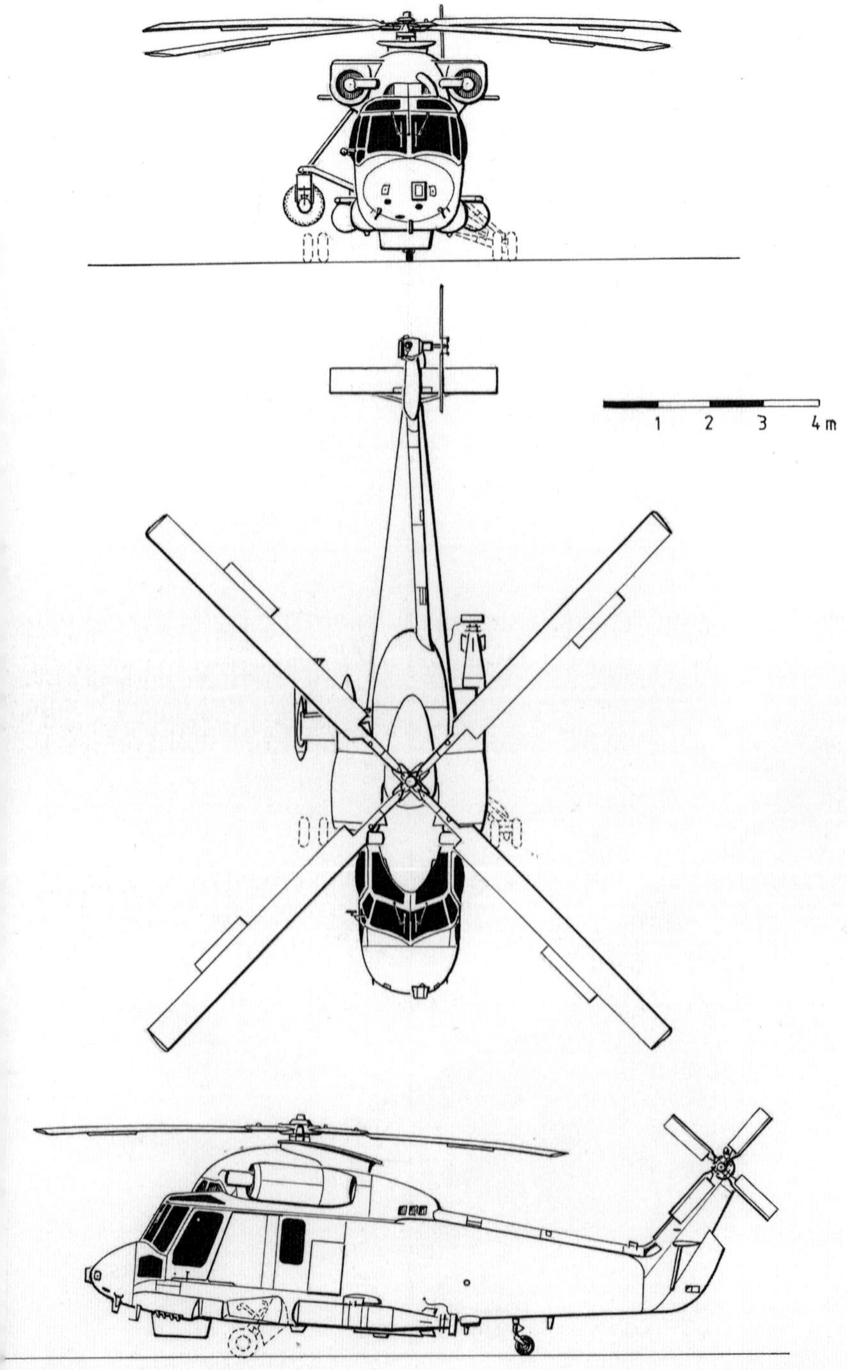

Dreiseitenriss der SH-2G Super Seasprite (Zeichnung: Manfred Meyer)

fänger der SH-2D wurde im September 1971 die Staffel HC-4 in Lakehurst, New Jersey, die noch Ende des Jahres an Bord der *USS Belknap* ins Mittelmeer abkommandiert wurde. Der Verband HC-5 folgte mit seinen SH-2D im Januar 1972 auf der *USS Sterett* zu einer Einsatzfahrt in den Pazifik. Noch im gleichen Jahr wurden die Helicopter Combat Squadron HC-4 und HC-5 in Helicopter Antisubmarine Squadron Light HSL-30 und HSL-31 umbenannt und 1973 mit HSL-32 und HSL-33 zwei weitere Verbände in Norfolk, Virginia und Ream Field in Kalifornien aufgestellt. Bis zum Ende des 20. Jahrhunderts stieg die Zahl der leichten U-Boot-Abwehrstaffeln, andere wie die zuerst genannten wurden zwischenzeitlich aufgelöst.

Die SH-2D waren wieder sämtlich durch Umbau entstanden und nach dem 20. Exemplar wurden 1972 zwei YSH-2E mit modifizierter Avionik erprobt, gefolgt von der Umrüstung fast aller noch im Dienst befindlichen Seasprite in die leistungsstärkere Version SH-2F. Hinzu kamen 59 Neubauten, nachdem Kaman die Produktion des Hubschraubers im Jahr 1981 reaktiviert hatte. Die SH-2F profitierten hauptsächlich von einer modernisierten Einsatzavionik einschließlich Navigations- und Kommunikationsgeräten, aber auch verbesserten Rotorblättern mit einer höheren Lebensdauer. Außerdem wurde das Heckrad um 1,80 m nach vorn verlegt und ein Lasthaken gestattete den Transport von angehängten Frachten bis zu 1800 kg Masse. Die Staffeln HSL-32 und 34 flogen mit ihren SH-2F Unterstützungsmissionen während der 1983 geführten US-Einsätze in Grenada, im Golfkrieg 1991 standen neben diesen beiden Staffeln auch HSL-33, 35, 36 und 37 mit Maschinen dieses Typs bereit. Die letzten sechs Maschinen des SH-2F-Bauloses stellte Kaman in einer nochmals verbesserten Version fertig, die als SH-2G Super Seasprite im April 1985 die Flugerpro-

Letzte Serienversion war die SH-2G Super Seasprite mit verbesserten Sensoren. Von den 24 Exemplaren waren 18 Um- und die restlichen sechs Neubauten. Der Dienst bei den US-Streitkräften endete im Juni 2001. (Foto: Kaman)

bung aufnahm. Als Finalausführung gab es nochmals Aufwertungen im Avioniksektor, ein Akustikprozessor, ein MIL-Datenbus oder auch ein AN/ASN-150-Managementsystem gehörten dazu. Ferner wurden die mittlerweile in die Jahre gekommenen T58-Turbinen durch zwei General Electric-Aggregate des Typs T700 abgelöst, die eine höhere Leistung, zugleich aber auch einen geringeren Kraftstoffverbrauch versprachen. Die Rotorblätter waren nun vollständig aus Kunststoff gefertigt und später ergänzte noch der von Kaman entwickelte Magic Lantern Laser-Detektor zum Aufspüren und Klassifizieren von Minen die Einsatzausrüstung. Ab 1993 im Dienst, fiel die Beschaffung durch die allgemeine Streitkräftereduzierung zu jener Zeit insgesamt geringer als geplant aus, 24 SH-2G waren vorwiegend durch Umbauten entstanden und wurden der Navy Reserve überstellt. Die letzten amerikanischen Seasprite beendeten hier nach insgesamt gut 1,5 Millionen Flugstunden bei HSL-94 im März und bei HSL-84 im Juni 2001 ihren Dienst.

Einsatzstaffeln (Auswahl):
HC / HU-1, 2, 4, 5, 7
HSL-30, 31, 32, 33, 34, 35, 36, 37, 84, 94

Gyrodyne DSN / QH-50

Der aus Oregon stammende und zeitweise bei den Flugzeugbauern Bell und Curtiss beschäftigte Peter J. Papadakos gründete 1946 in Long Island, New York, die Gyrodyne Company of America. Er und sein Team widmeten sich hauptsächlich der Perfektion von Hubschraubern mit Koaxialrotoren, welches Papadakos für das überlegene hielt. Im Dezember 1954 kam es schließlich durch die US Navy zur Auftragserteilung über zwei leichte, XRON-1 Rotorcycle genannte Einmann-Hubschrauber. Die sollten vorwiegend Beobachtungs- und Verbindungsflügen dienen oder auch Marineinfanteristen das schnelle Verlassen aus umkämpften Gebieten ermöglichen. Erstmals am 23. November 1955 in der Luft, wurden mit Kolbenmotor sowie einer kleinen Turbine verschiedene Antriebe getestet und letztlich eine Handvoll von den Marines beschafft. Formvollendet und nun YRON-1 genannt, gewann der Drehflügler 1961 auf der Paris Air Show in Le Bourget den Grand Prize als manövrierfähigster Hubschrauber. Zu dieser Zeit sah man die wachsende Zahl sowjetischer U-Boote in den Vereinigten Staaten als große Bedrohung an, weshalb sich die US Navy vorwiegend für eine unbemannte Version interessierte, die mit möglichst wenigen Änderungen als Drone Anti-Submarine Helicopter (DASH) die U-Boot-Bekämpfung übernehmen sollte. Ein entsprechender Vertrag wurde zum Jahresende 1958 seitens der US-Marine vergeben und beinhaltete neun DSN-1 (ab 1962 in QH-50A umbenannt) sowie drei DSN-2 (QH-50B).

Typ	**QH-50C**
Verwendung	U-Boot-Abwehr-Hubschrauber
Besatzung	keine
Triebwerk	ein Boeing T50-BO-8A mit 201 kW
Rotorkreisdurchmesser	je 6,10 m
Rotorkreisfläche	je 29,22 m²
Rumpflänge	2,22 m
Höhe	2,78 m
Leermasse	532 kg
Startmasse	max. 1044 kg
Höchstgeschwindigkeit	148 km/h
Steiggeschwindigkeit	9,3 m/s
Dienstgipfelhöhe	4938 m
Reichweite	130 km
Bewaffnung	ein bis zwei Torpedos an zwei Aufhängepunkten

Mehrere Exemplare der QH-50 wurden bemannt erprobt, hier ist die erste C-Serie zu sehen. Das Bild verdeutlicht sehr gut die Größe der Drohne. (Foto: National Museum of Naval Aviation Pensacola)

Die ersten Drohnen wurden im März und April 1960 ausgeliefert, die Flugtests und ebenso die erste Landung auf einem Schiff, der Fregatte *USS Mitscher* (DL-2) am 1. Juli, zunächst bemannt ausgeführt. Am 12. August 1960 wurde dann der erste freie, ferngesteuerte Flug mit einer DSN-1 im Naval Air Test Center Patuxent River, Maryland realisiert. Zum Antrieb diente ein deutscher Vierzylinder-Porsche-Motor YO95-6 mit 53 kW Leistung, als Bewaffnung war ein Mk46-Torpedo vorgesehen. Im Dezember 1960 gehörten 38 Starts vom Zerstörer *USS Hazelwood* (DD-531) zum Erprobungsprogramm, eingeschlossen darin 22 simulierte U-Boot-Abwehr-Einsätze. Sie bestätigten im Wesentlichen die Konzeptidee, andererseits musste man einiges Neuland erschließen. Von den neun gebauten QH-50A stürzten vier Exemplare während der Erprobung ab. Neben einer QH-50A wurde auch eine der drei ausgelieferten und bis 1961 in das Testprogramm involvierten DSN-2 bemannt geflogen. Die hatte nun zwei der Porsche-Motoren zum Antrieb und war dadurch etwas schwerer. Bereits im Vorjahr bestellte die US Navy die nächste Version als DSN-3, ab 1962 QH-50C genannt, von der insgesamt 378 Exemplare produziert wurden.

Charakteristisch für die QH-50-Drohnen war das koaxiale Rotorsystem sowie der insgesamt schlichte Aufbau. Eingesetzt wurden sie von zahlreichen Zerstörern der US Navy aus, die mit Start- und Landeplattformen versehen wurden. (Foto: National Museum of Naval Aviation Pensacola)

Im bemannten Modus wurde der Erstflug im April 1961, unbemannt und ferngesteuert im Januar 1962 absolviert. Noch im November wurden die ersten QH-50C für den operationellen Dienst übergeben, vom kalifornischen Landstützpunkt San Clemente Island gestartet und zum ersten Einsatzschiff, dem Zerstörer *USS Buck* (DD-761) geflogen. Hier wurde bis zum Januar 1963 die Bordqualifikation komplettiert. Im gleichen Zeitraum wurden ganze 27 Abstürze gezählt, die Drohne galt damit als unausgereift und wurde mit Flugverbot belegt. Ursache der Havarien war die automatische Flugkontrolle, die ein Funkhöhenmesser nutzte und bei der Stabilisierung der Höhenachse Fehler generierte. Modifikationen am Höhenmesser, nun ein Gyrodyne-Patent auf Luftdruckbasis, brachten bis zur Jahresmitte Besserung und erlaubten die Fortführung von Einsatz und Produktion der QH-50C. Der Einsatz der Drohne stand im Einklang mit der Umrüstung einer großen Anzahl von Zerstörern aus dem Zweiten Weltkrieg, die künftig gegen U-Boote eingesetzt werden sollten. Die Schiffe wurden mit entsprechenden Landeplattformen für normal ein bis zwei Drohnen, einem Sonargerät und zum Teil mit der U-Boot-Abwehr-Rakete ASROC ausgestattet. Hatte das Sonar im Einsatz ein U-Boot erfasst und dessen Entfernung fiel größer als die Reichweite der ASROC aus, kam die Hubschrauberdrohne ins Spiel. Die QH-50 wurde gestartet und über dem Ziel erfolgte per Funk der Befehl zum Abwurf des Torpedos. 165 Schiffe der US Navy waren zur Aufnahme dieser Drohnen fähig.

Die QH-50C konnte ein Mk46 oder zwei Mk44-Torpedos mitführen und wurde von einer kleinen Gasturbine Boeing T50-BO-8A angetrieben. Der Rumpf bestand praktisch aus einem Stahlrohrgerüst, nahm einen Tank mit 127 l Kraftstoff, zudem Hydrauliköl, die Kontrollen, das Getriebe und den Rotormast auf. Die in Koaxialbauweise angeordneten Rotoren verfügten über je zwei

Eine QH-50C schwebt neben dem Zerstörer USS Nicholas *(DD-449) und wird vom Deck Control Officer gesteuert. Die Steuerung der Drohne war empfindlich, etwa 10% der Verluste waren »Pilotenfehler«. (Foto: US Navy)*

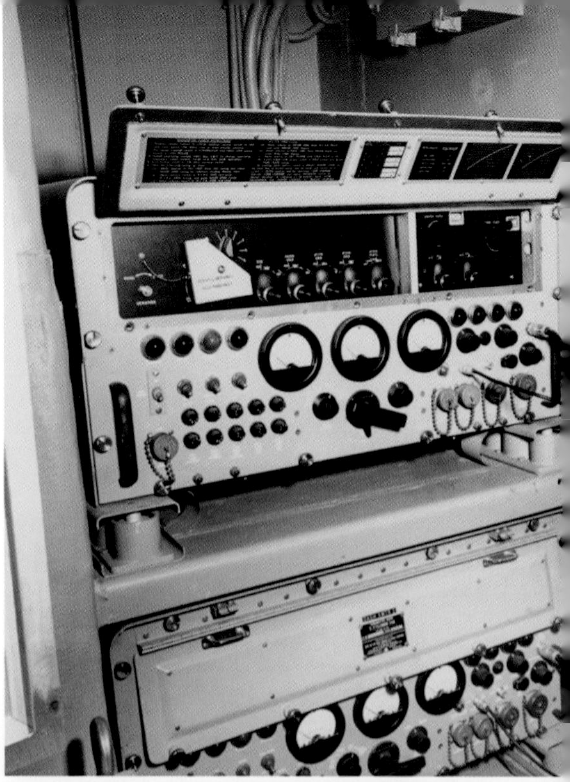

Diese Aufnahme zeigt die beiden Transmitter an Bord eines Zerstörers. Ihre Reichweite betrug theoretisch über 100 km, doch bereits kleine Fehler bei Übertragung oder Dekodierung von Steuerbefehlen führten zum Verlust der QH-50. Dies war letztlich bei 80% der abgestürzten Exemplare die Unfallursache. (Foto: US Navy)

Blätter aus Holz sowie eine Rotorbremse. Das Heck endete an Auslegern mit kleinen Stabilisierungsflächen, während statt einem Fahrwerk zwei Stahlkufen montiert wurden.

Im Frühjahr 1964 orderte die US Navy eine weitere Baureihe, mit der man einige Mängel der Vorgängerversion zu beseitigen hoffte. Die QH-50D erhielt Rotorblätter aus Verbundwerkstoffen und wurde dadurch leichter. Eine weitere Gewichtsersparnis brachte eine modifizierte, wenngleich stärkere Boeing-Turbine T50-BO-12 mit 272 kW Leistung und außerdem wurde auf die Stabilisierungsflächen am Heck verzichtet. Die Kraftstoffmenge konnte auf 197 l, die Zuladung insgesamt erhöht sowie eine begrenzte Allwetterfähigkeit erreicht werden. Statt Torpedos war auch die Aufnahme einer B57-Atombombe möglich, allerdings hatten die Schiffe, von denen die QH-50 operierten, derartige Waffen nicht an Bord. Eine QH-50D war im April 1965 zum ersten Mal geflogen, von 1966 bis 1969 wurden 395 Exemplare dieser Version ausgeliefert. Ihr Einsatz gestaltete sich letztlich ähnlich dem Vorgänger. Insgesamt gingen alle 60 Flugstunden bzw. acht Drohnen pro Monat verloren, das auf den Schiffen befindliche Steuerungssystem erwies sich als sehr komplex. Es wurde von einem Deck Control Officer bedient, dessen Ausbildung oft zu eilig und die nachfolgenden Trainingseinheiten zu spärlich ausfielen. Bei nur einem Fehler in den Steuerungs- und Subsystemen, der Übertragung oder Dekodierung der Steuerungsbefehle war die Drohne verloren. Auf diese Weise gingen 80% der über 400 abgestürzten Drohnen verloren, etwa weitere 10% wurden als »Pilotenfehler« deklariert und damit der Unerfahrenheit des jeweiligen Deck Control Officers zugeschrieben. Etwa 50 Drohnen wurden über Vietnam abgeschossen, wo man diese Fluggeräte seit Mitte der 1960er-Jahre zu Überwachungs- Aufklärungs- und Zielzuweisungsflügen nutzte. Meistens starteten die QH-50 von im Golf von Tonkin befindlichen Schiffen aus und nutzten für ihre Missionen eine Kameraausrüstung. Schließlich zog die US-Marine bis Ende 1970 sämtliche Drohnen von den Schiffen ab und cancelte die Fortführung des DASH-Programms. Ein Großteil der verbliebenen Drohnen wurde vorerst eingelagert, einige fanden neue Nutzer und wurden z.B. als Zielschlepper und Luftziele oder zu Testzwecken verwendet. Die Advanced Research Project Agency (ARPA) hatte bereits einige Jahre zuvor QH-50D zu Versuchen mit Kanonen, Granatwerfer, Laserzielmarkierer oder neuen Transistoren eingesetzt, die aber letztlich keine serienmäßige Anwendung fanden. Drei andere Exemplare wurden mit einigen Modifizierungen und vor allem einer Allison-250-Turbine als QH-50E ab September 1969 im Flug erprobt, letztlich aber ebenfalls nicht in den Serienbau überführt.

Die QH-50 war der einzige kommerzielle Erfolg der Gyrodyne Company, aber bereits ein früher und bemerkenswerter Schritt in die heutzutage praktische Anwendung unbemannter Hubschrauberdrohnen.

Zwei jeweils 196 kg schwere Mk44-Torpedos stellten die Standardbewaffnung der QH-50C dar. Der Torpedo reichte bis in eine Tiefe von 900 m und besaß unter Wasser eine Reichweite von 5,5 km. Sein hochexplosiver Sprengkopf wog über 30 kg. (Foto: US Navy)

Bell TH-57 Sea Ranger

Die Bell 206 gehört zu den erfolgreichsten Hubschraubern weltweit, obwohl am Anfang der Karriere zunächst eine Niederlage stand. Innerhalb einer Ausschreibung um einen leichten Beobachtungshubschrauber (LOH – Light Observation Helicopter) für die US Army hatte der am 8. Dezember 1962 erstmals geflogene Prototyp YOH-4 gegen das Konkurrenzmodell YOH-6 von Hughes verloren, sodass der Hersteller sich nach Käufern auf dem zivilen Markt umsah. Als Modell 206A Jet Ranger fanden sich dann zahllose Abnehmer und nicht zuletzt erlangte dieser Typ durch verschiedene Spielfilme große Popularität. Auch bei der US Army sollte der Hubschrauber letztlich als OH-58 Kiowa Erfolge erzielen und wurde ab Ende der 1960er-Jahre in großen Stückzahlen ausgeliefert. Bereits im Januar 1968 hatte die US Navy vermeldet, die Bell 206A künftig als Trainingshubschrauber einzusetzen und bestellte die ersten 40 Exemplare. Unter der Bezeichnung TH-57A Sea Ranger wurden die ersten fünf Maschinen im Oktober 1968 bei der Trainingsstaffel HT-8 am Standort Ellyson Field, Florida, in Dienst gestellt und damit die Ablösung der Bell TH-13M

Typ	TH-57C SEA RANGER
Verwendung	Trainingshubschrauber
Besatzung	1+1
Triebwerk	ein Allison 250-C20J mit 315 kW
Hauptrotorkreisdurchmesser	10,16 m
Hauptrotorkreisfläche	81,10 m²
Rumpflänge	9,49 m
Höhe	2,91 m
Leermasse	840 kg
Startmasse	max. 1520 kg
Höchstgeschwindigkeit	220 km/h
Steiggeschwindigkeit	6,9 m/s
Dienstgipfelhöhe	5760 m
Reichweite	675 km

Seit über 50 Jahren nutzen die US-Marineflieger die immer noch schnittige TH-57 zur Ausbildung von Hubschrauberpiloten. Inzwischen sucht man allerdings einen geeigneten Nachfolger. (Foto: National Museum of Naval Aviation Pensacola)

Durchschnittlich 600 Kadetten absolvieren jährlich den Lehrgang zum Hubschrauberpiloten auf der TH-57. Deutlich sichtbar der zweiblättrige Hauptrotor, das Kufengestell und das großzügig verglaste Cockpit. (Foto: US Navy)

eingeleitet. Sie dienten der Basisschulung und führten im Trainingsbetrieb zugleich den Turbinenantrieb ein. Hierbei handelte es sich um eine einzelne Allison 250-C18-Turbine mit 233 kW Leistung, die je einen zweiblättrigen Haupt- und Heckrotor antrieb. Wie die Rotoren so war auch der gesamte Rumpf in Leichtmetallbauweise hergestellt, manche Bereiche wie etwa die Triebwerksabdeckung waren mit Verbundwerkstoffen verkleidet. Am Heckausleger gab es zwei Stabilisierungsflossen und statt einem Fahrwerk kam unter dem Rumpf ein Kufengestell zur Anwendung. Für die Schulung der Piloten war die TH-57A mit Doppelsteuer ausgerüstet, in der hinter dem Cockpit befindlichen Kabine konnten drei weitere Personen Platz finden.

Im März 1972 wurde mit HT-18 ein weiterer Trainingsverband zur Schulung von Hubschrauberpiloten aufgestellt, zusammen mit HT-8 erfolgte im nächsten Jahr der Umzug zur Basis Whiting Field, ebenfalls in Florida gelegen. Beiden Verbänden standen innerhalb des Training Air Wing Five (TAW-5) rund 150 Fluglehrer zur Verfügung, die hauptsächlich von der US Navy, zu kleineren Teilen aber auch vom Marine Corps sowie der Coast Guard zur Verfügung gestellt wurden. Beide Trainingsstaffeln erreichten eine hohe Flugsicherheit und schulten jährlich über 600 Hubschrauberpiloten. Allein HT-8 absolvierte mit seinen Hubschraubern im Jahr 1984 mehr als 485.000 Starts und Landungen und vollführte bei letzterem Manöver dabei über 90.000 Autorotationen und davon wiederum gut die Hälfte mit abgeschaltetem Triebwerk. 1986 kamen die ersten von 51 bestellten TH-57B zum Trainingsgeschwader, die auf der Bell 206B-3 basierten und eine stärkere Allison-Turbine nutzten. Das traf auch auf die ebenfalls in den 1980er-Jahren gelieferten TH-57C zu, von denen die US Navy 89 Stück abnahm. Sie eigneten sich besser zum Instrumentenflugtraining und verfügten über erweiterte Navigations-, Stabilisierungs- und Kontrollsysteme. Auch konnte die TH-57C bei Bedarf mit

Zum Training mit der Sea Ranger gehören auch Starts und Landungen auf Schiffen. Hierzu kreuzt vor der Küste Floridas der sogenannte Helicopter Landing Trainer (HLT) IX-514, wo im August 2006 die 100.000ste unfallfreie Landung absolviert wurde. (Foto: USN)

einem Lasthaken versehen werden und somit bis zu 680 kg Außenlasten aufnehmen. Ein nochmals verbessertes TH-57D-Upgrade, für das u.a. ein sogenanntes Glascockpit mit Multifunktionsbildschirmen vorgesehen war, wurde lediglich an zwei Exemplaren realisiert. Stattdessen startete die US Navy im Januar 2016 mit dem Advanced Helicopter Training System (TH-XX) eine Ausschreibung für einen neuen Ausbildungshubschrauber, der ab den 2020er-Jahren geliefert werden soll.

Mit der 2007 aufgestellten Trainingsstaffel HT-28 nutzt bis heute eine dritte Einheit innerhalb des TAW-5 die noch im Einsatz befindlichen TH-57B/C. Ebenfalls in Whiting Field zuhause, trainiert HT-28 wie die Schwesterverbände HT-8 und HT-18 in rund 106 Flugstunden angehende Hubschrauberpiloten im Führen eines Drehflüglers mit seinen aerodynamischen und technischen Besonderheiten, das Fliegen nach Instrumenten und nach Radionavigation sowie bei Nacht und in Formation, das Landen und Starten in unwirtlichen Gebieten sowie auf und von Schiffen und in Hubschrauberspezifischen Einsatztaktiken. Dafür stehen noch immer rund 110 Sea Ranger bereit. Zudem wurden vereinzelt Maschinen der Army-Versionen OH-58C Kiowa sowie TH-67 Creek von der US-Marine in Dienst gestellt und z.B. von der Naval Test Pilot School in Patuxent River geflogen.

Einsatzstaffeln (Auswahl):
HT-8, 18, 28

McDonnell Douglas TH-6 Cayuse

Der weithin bekannte Großindustrielle und gleichermaßen luftfahrtbegeisterte Howard Hughes wandte sich in den 1950er-Jahren verstärkt dem Hubschrauberbau zu, nachdem bereits 1947 die Firma Kellett das Design eines riesigen Kranhubschraubers an die Hughes Aircraft Company verkauft hatte. Der mit einem rund 40 m durchmessenden Hauptrotor ausgestattete und beim Start über 20.000 kg schwere XH-17 flog im Oktober 1952 zum ersten Mal, erwies sich aber als zu schwerfällig und ineffizient. Die zwischenzeitlich ins Leben gerufene Abteilung Hughes Helicopters sollte nur kurze Zeit später mit einem Leichthubschrauber erste Erfolge erzielen, der als Modell 269 im Oktober 1956 erstmalig flog und militärisch von der US Army als TH-55 genutzt wurde. Von diesem Muster entstanden weitere Versionen und letztlich große Stückzahlen und es fanden sich auch weltweit zahlreiche Abnehmer. Das verlieh einem weiteren Projekt den nützlichen Anschub, das als Hughes Modell 369 Anfang der 1960er-Jahre Gestalt annahm und dabei sofort durch seinen eiförmigen Rumpf auffiel. Das machte ihn keinesfalls unattraktiv und verhalf stattdessen

Typ	TH-6B CAYUSE
Verwendung	Trainingshubschrauber
Besatzung	1+1
Triebwerk	ein Allison T63-A-5 mit 236 kW
Hauptrotorkreisdurchmesser	8,03 m
Hauptrotorkreisfläche	50,60 m²
Rumpflänge	7,01 m
Höhe	2,48 m
Leermasse	524 kg
Startmasse	max. 1225 kg
Höchstgeschwindigkeit	282 km/h
Steiggeschwindigkeit	7,9 m/s
Dienstgipfelhöhe	4815 m
Reichweite	611 km

Sechs Exemplare der TH-6B Cayuse fanden ab 1992 Einzug in das Inventar der Naval Test Pilot School in Patuxent River, Maryland und wurden dort bis vor einigen Jahren zum Fortgeschrittenentraining verwendet. (Foto: Scott Rathbone)

In dieser Ansicht zeigt die TH-6B das typische Erscheinungsbild des einst bei Hughes entstandenen Hubschraubers inklusive dem eiförmigen Rumpf und dem Triebwerksaustritt an dessen Ende. Die Cayuse verfügte über ausgezeichnete Flugeigenschaften und stellte mehrere Rekorde auf. (Foto: US Navy)

zu einer stromliniengünstigen aerodynamischen Struktur. Die war Teil des fortschrittlichen Gesamtdesigns mit einer widerstandsfähigen Leichtmetallbauweise. Der sogenannte Flexrotor bestand aus vier Blättern, kam ohne Lager und zum Teil ohne Schlag- und Schwenkgelenke aus. Dafür fingen dünne biegsame Stahllamellen alle Kräfte auf und trugen zu einem geringen Wartungsaufwand bei. Der schlanke Heckausleger endete an insgesamt drei Leitwerksflächen sowie dem zweiblättrigen Ausgleichsrotor. Die schallisolierte und klimatisierte Kabine des Hubschraubers verfügte über eine großzügige Verglasung und damit über eine erstklassige Sicht, erhielt Doppelsteuer für Pilot und Kopilot sowie zwei ausklappbare Sitze dahinter. Eine leichte Allison-Turbine wurde im hinteren Rumpfabschnitt installiert, zwei feste Kufen konnten auch harte Landungen abfangen. Die moderne Avionik schloss Navigations- und Funkgeräte, Radiokompass und Freund-Feind-Erkennungsanlage ein, verschiedene Rüstsätze sollten künftig die Einsatzflexibilität des Musters erhöhen.
Die Hughes 369 nahm an der Army-Ausschreibung nach einem leichten Beobachtungshubschrauber LOH (Light Observation Helicopter) teil und konnte diesen vor allem aufgrund des kostengünstigen Angebots sowie der Aussicht auf überragende Leistungen für sich entscheiden. Der Erstflug des Prototyps hatte am 27. Februar 1963 stattgefunden und tatsächlich konnte der nunmehr OH-6A Cayuse genannte Hubschrauber im Frühjahr 1966 mit insgesamt 23 erflogenen Weltrekorden auftrumpfen. So wurden u.a. 227,74 km/h Geschwindigkeit auf einem geschlossenen 2000-km-Kurs erzielt, eine geschlossene Strecke von 2800,2 km sowie in gerader Linie von 3561,5 km zurückgelegt und im Horizontalflug eine Höhe von 8061 m erreicht. Die Flugleistungen, Robustheit und Wartungsfreundlichkeit hatten die US Army überzeugt, sodass zunächst 714, später insgesamt rund doppelt so viele OH-6A bestellt wurden. Weiterentwickelte Varianten für den militärischen und zivilen Sektor fanden unter der Modellbaureihe 500 steten Absatz, führten verschiedene Neuerungen wie z.B. einen fünfblättrigen Hauptrotor, T-Leitwerk bis hin zum NOTAR-Gebläse statt einem Heckausgleichrotor (NOTAR = No Tail Rotor) ein und überzeugten mit einer großen Einsatzvielfalt. Die US Navy hingegen kaufte gerade mal sechs Exemplare der frühen Cayuse-Ausführung und stellte sie 1992 als TH-6B in Dienst. Sie gingen an die Naval Test Pilot School in Patuxent River, Mary-

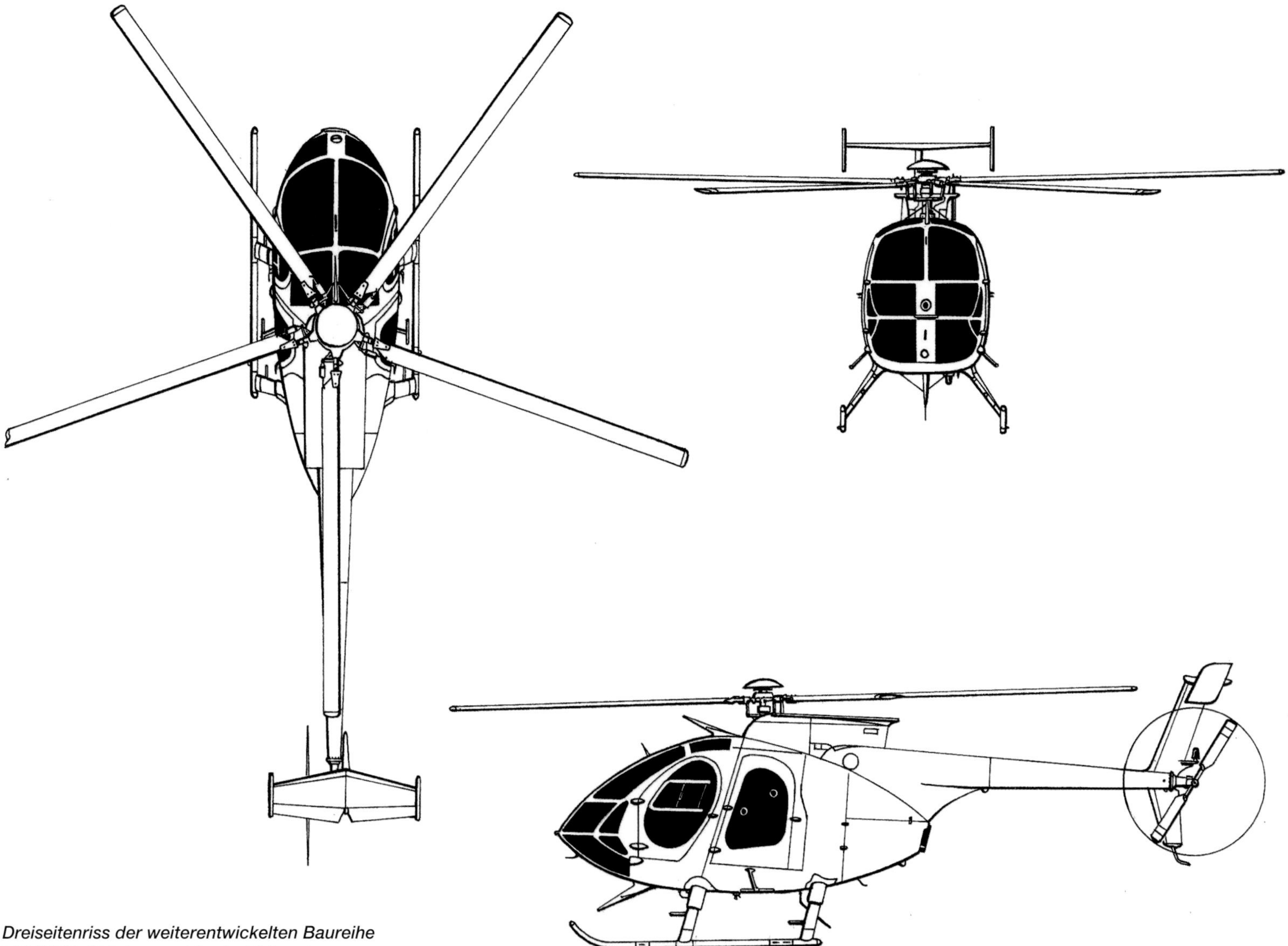

Dreiseitenriss der weiterentwickelten Baureihe MD 500E. (Zeichnung: Manfred Meyer)

land und dienten dem Fortgeschrittenentraining. Hauptsächlich werden dabei die Fertigkeiten im Instrumentenflug sowie die besonderen Eigenschaften von Drehflüglern trainiert. Derartige Lehrgänge gibt es in Patuxent River seit 1961, seit den 1970er-Jahren werden diese über einen Zeitraum von elf Monaten durchgeführt. Daran nehmen regelmäßig auch Piloten und Techniker anderer US-Teilstreitkräfte teil, gleichfalls gehören neben dem Hubschraubertraining auch Schulungen auf Flächenflugzeugen dazu. Ab 2008 wurden die TH-6B in Patuxent River durch die H-72 Lakota ersetzt.

Das Angebot von Hughes im damaligen LOH-Wettbewerb war für die US Army sehr günstig und im geschäftlichen Sinn ein Balanceakt für den Hersteller. Trotzdem entwickelte sich der Hubschrauber zu einem Erfolgsmodell, der in weiterentwickelter Form bis heute seine Abnehmer findet. Hughes konnte im Dezember 1976 einen weiteren Sieg verbuchen, als die US Army auf der Suche nach einem neuen Kampfhubschrauber die spätere AH-64 Apache auswählte. Die wurde dann hauptsächlich von McDonnell Douglas Helicopters produziert, nachdem dieses Unternehmen im Jahr 1984 Hughes Aircraft übernommen hatte. McDonnell Douglas wiederum ist seit 1997 Teil von Boeing, wo die Apache bis heute hergestellt wird. Die restliche Hubschraubersparte einschließlich den Cayuse-Nachfolgern wurde 1999 von Boeing verkauft und seitdem von der in Mesa, Arizona ansässigen MD Helicopters (MDHI) angeboten.

Sikorsky S-65 / S-80 / H-53 Sea Stallion / Sea Dragon / Super Stallion / King Stallion

Die Marines gaben seinerzeit den Anstoß zur Entwicklung eines schweren, allwettertauglichen Transporthubschraubers und mit der Sikorsky S-65 entstand nachfolgend eines der langlebigsten sowie leistungsfähigsten und für die US-Streitkräfte das leistungsstärkste Einsatzmuster überhaupt. Bis heute im Einsatz, ist mittlerweile der Bau einer neuen Generation beim Hersteller angelaufen und der Dienst bei den US-amerikanischen Marinefliegern für weitere Jahrzehnte garantiert.

Entsprechend den Forderungen sollte der zu entwickelnde Transporthubschrauber mit hoher Geschwindigkeit bis zu 38 Marineinfanteristen oder 24 Verwundete auf Tragbahren oder verschiedene Fahrzeuge, Haubitzen und andere Waffensysteme einschließlich ganzer Raketen, auch als Außenlast, befördern können. Die Sikorsky S-65 hatte hierfür einen kompakten, wasserdichten Rumpf in Ganzmetall-Halbschalenbauweise mit Stahl und Titan verstärktem Boden sowie mit Heckladerampe erhalten. Im Innern gab es Laufrollen im Boden sowie bis zu zwei Winden zum Bewegen von Fracht an der Kabinendecke. Wie die in der Horizontalen fest arretierbare Rampe erleichterten sie mit jeweils bis zu 900 kp Zugkraft das Be- und

Typ	CH-53A SEA STALLION
Verwendung	Transporthubschrauber
Besatzung	2–3
Triebwerk	zwei General Electric T64-GE-6 mit je 2130 kW
Hauptrotorkreisdurchmesser	22,02 m
Hauptrotorkreisfläche	380,87 m²
Rumpflänge	20,47 m
Höhe	7,60 m
Leermasse	10.691 kg
Startmasse	max. 19.100 kg
Höchstgeschwindigkeit	315 km/h
Steiggeschwindigkeit	9,25 m/s
Dienstgipfelhöhe	6190 m
Reichweite	413 km

Super Stallion lautete der Zusatzname der mit Beginn der 1980er-Jahre eingeführten CH-53E. Neben einem größeren Rotor und einem längerem Rumpf sorgten vor allem drei statt zuvor zwei Turbinen für eine weitere Leistungssteigerung. Auch der Heckausleger wurde modifiziert. (Foto: US Navy)

Schon die erste Baureihe der Sea Stallion besaß als CH-53A ein großes Leistungspotenzial. Hier nimmt ein solcher Hubschrauber eine A-4 Skyhawk an den Haken. (Foto: National Museum of Naval Aviation Pensacola)

Entladen des Hubschraubers. So gehörte meist neben Pilot und Kopilot auch ein Lademeister zur Besatzung. Großes Augenmerk wurde auch auf den Transport sperriger Außenlasten gelegt, hier konnten anfangs knapp 7000 kg an einem Haken befestigt werden. Im oberen Teil des Rumpfes waren zwei General Electric-Turbinen mit anfangs je 2130 kW Leistung untergebracht und trieben einen sechsblättrigen Haupt- sowie vierblättrigen Heckrotor an. Dem Ausgleichsrotor gegenüber befand sich eine große Stabilisierungsflosse. Zur Platz sparenden Unterbringung an Bord von Schiffen und Flugzeugen waren der aus einer Aluminiumlegierung gefertigte Hauptrotor sowie ein Teil des Heckauslegers faltbar ausgelegt. Das in Bugradanordnung konzipierte, je doppelt bereifte Fahrwerk war vollständig einziehbar, ebenso ein zusätzlicher, unbereifter Hecksporn. Tragflügelartige Stummelflächen beiderseits des Rumpfes dienten der Schwimmfähigkeit auf (ruhigem) Wasser. Die Avionikbaugruppen wurden zeitgemäß ausgewählt, Kommunikations- und Navigationsanlagen, Dopplergerät, Funkhöhenmesser, Instrumentenlande- sowie ein automatisches Stabilisierungssystem gehörten dazu. Wichtig war außerdem eine einfache Wartung unter Gefechtsbedingungen, die durch leicht zugängliche Klappen vereinfacht wurde.

Im September 1962 wurden bei Sikorsky zwei als YCH-53A bezeichnete Prototypen, eine 1:1-Attrappe sowie eine Bruchzelle für statische Tests bestellt. Der Erstflug erfolgte am 14. Oktober 1964, zwei Jahre später lief die Serienfertigung an. Mit der Dienstbezeichnung CH-53A Sea Stallion erreichten die ersten fünf Serienmaschinen am 12. September 1966 die Marine Corps Air Station Santa Ana in Kalifornien und wurden der Staffel HMH-463 übergeben. Die brachte vier CH-53A im Januar 1967 zum Kriegsschauplatz Vietnam und zuerst nach Marble Mountain, südlich von Da Nang. Bis Ende des Jahres waren dann 26 Exemplare von HMH-463 sowie zehn weitere der Staffel HMH-462 vor Ort. Von Anfang an lieferte die Sea Stallion gute Leistungen ab, ersetzte die CH-37 Deuce und war schon bald für Transportaufgaben im Schwerlastbereich unentbehrlich. Von Januar bis Mai 1967 gelang es den Maschinen, 72 Hubschrauber vom Typ UH-34 sowie 13 CH-46 und 16 UH-1 zu bergen und den US-Streitkräften zurückzubringen. Bis Ende des Jahres waren es ganze 370 abgeschossene oder havarierte Flugzeuge, die von den CH-53A in Sicherheit gebracht wurden und zum Teil wieder repariert werden konnten. Die Sea Stallion beförderten auch andere sperrige Frachten, schweres Gerät inklusive Artilleriegeschütze sowie Truppen und Nachschub in die Kampfgebiete oder flogen verwundete Soldaten aus. Für den Einsatz in Südostasien hatten die CH-53 an manchen Bereichen zusätzliche Panzerungen sowie Filter an den Lufteinlässen der Turbinen erhalten. Sie absolvierten ihre letzten Einsätze vorerst im Mai 1971. Nach den Waffenstillstandsverhandlungen zwischen den USA und Nordvietnam waren allerdings von Februar bis Juli 1973 Maschinen von HMH-463 zusammen mit Sea Stallions der US Navy-Staffel HM-12 beim Räumen von Minen in vietnamesischen Küsten- und Binnengewässern sowie Häfen beteiligt. Die US Navy hatte am 1. April 1971 mit HM-12 ihre erste Helicopter Mine Countermeasures Squadron zum Minenräu-

Mit der CH-53D erhielten die Marines eine leistungsfähigere Ausführung, die dank stärkerer Triebwerke noch höhere Lasten oder bis zu 55 Soldaten befördern konnte. (Foto: US Navy)

men formiert und zunächst mehrere CH-53A von den Marines übernommen. Bereits ab der 35. Serienmaschine gelangten nämlich Vorrichtungen zum Schleppen von Minenräumschlitten zum Anbau und gestatteten dementsprechende Einsätze. Zusätzlich wurden für diesen Zweck 15 Maschinen zur Variante RH-53A umgebaut und von der Navy verwendet. Große Bedeutung erlangten die CH-53 der Marines nochmal bei den Evakuierungen von Botschaftspersonal und Zivilisten in Phnom Penh, Kambodscha während der Operation »Eagle Pull« am 12. April 1975 sowie in Saigon, Südvietnam während der Operation »Frequent Wind« am 29. und 30. April 1975. Im gesamten Vietnamkrieg wurden acht CH-53 der Marines durch das Luftabwehrfeuer des Gegners abgeschossen, eine weitere bei einer Attacke auf einen Stützpunkt am Boden zerstört und zehn andere gingen durch Havarien verloren. Bei der Navy musste eine CH-53 als Verlust abgeschrieben werden.

Zwischenzeitlich, im Februar 1968 hatte eine CH-53A einen inoffiziellen oder zumindest landeseigenen Rekord aufgestellt, als dieses Exemplar mit 12.927 kg Zuladung inklusive Kraft- und Schmierstoffen beim Start 23.541 kg auf die Waage brachte. Ab April testete eine Maschine des Marine Corps als erster Hubschrauber überhaupt ein automatisches Geländefolgesichtgerät als Integrated Helicopter Avionics System (IHAS), das von der Teledyne Company bereit gestellt wurde und ein Geländefolgeradar sowie ein vertikal ausgerichtetes Display von Norden beinhaltete. Noch im selben Jahr absolvierte eine CH-53A am 23. Oktober mehrere anspruchsvolle Loopings und Rollen, um dabei im Auftrag des Naval Air System Command sowie Sikorsky als Hersteller die Manövrierfähigkeit sowie das Kräftespiel am Rotorsystem zu untersuchen. Etwa zur selben Zeit, Ende der 1960er-Jahre, dienten die CH-53 in einer nominalen Größenordnung von 18 Hubschraubern in den Helicopter Marine Heavy Squadrons (HMH) des Marine Corps und waren Teil einer Marine Air Group wie den in Vietnam eingesetzten MAG-16 und MAG-36. Zwei HMH-Einheiten waren Bestandteil einer MAG, hinzu kamen seinerzeit vier Marine Helicopter Medium Squadrons (HMM) mit je 21 CH-46 Sea Knight sowie ein bis zwei Marine Helicopter Light Squadrons (HML) mit je 24 UH-1 Iroquis. Die HMH-Staffeln profitierten ab März 1969 von einer neuen Version der Sea Stallion, nachdem die Produktion der CH-53A nach 139 Serienmaschinen ausgelaufen war und zur Version CH-53D wechselte. Von ihr nahmen die Marines 126 Stück ab, einige davon kamen auch schon im Vietnamkrieg zum Einsatz. In die CH-53D wurden stärkere T64-GE-412- oder -413-Turbinen mit je 2755 bzw. 2927 kW Leistung integriert, die eine deutliche Leistungsreserve versprachen. An einem Außenlasthaken konnten jetzt bis zu 9072 kg Nutzlast befördert werden. Das Innere der Kabine wurde neu arrangiert und bot dank zusätzlicher Sitze bis zu 55 Marineinfanteristen Platz. Als Ableitung wurden 30 RH-53D für die US-Marine produziert, die hauptsächlich zum Minenräumen gedacht waren und auf den Erfahrungen mit dem Vorgängermodell aufbauten. Ein erstes Exemplar der RH-53D begann im Oktober 1972 mit den Testflügen, im nächsten Jahr lief der Einsatzbetrieb mit dem Hubschrauber an und 1974 waren sie bei den Minenräumaktionen im Suez-Kanal beteiligt. Die Leistung der Triebwerke war nochmals erhöht worden und erlaubte im Zusammenspiel mit verbesserten Rotorblättern eine noch höhere Traglast, die außenbords an einem Haken bis zu 11.340 kg betragen konnte. So erhöhte sich die maximale Startmasse gegenüber einer CH-53D nun auf bis zu 22.680 kg statt zuvor 19.100 kg. Es gab weitere Verbesserungen im Kraftübertragungssystem und es gab Zusatztanks sowie optional eine Luftbetankungsanlage für eine längere Flugdauer. Betankungen waren so durch Tankflugzeuge wie die KC-130 oder auch schwebend durch Schiffe durchführbar. Zur Minensuche- und Zerstörung befanden sich verschiedene Typen von Geräten im Inventar der US Navy, die spezialisiert auf unterschiedliche Zündungsarten der Minen, einzeln von der RH-53D durch das Wasser gezogen wurden. MK-103 etwa durchtrennt mechanisch die Verbindungen zwischen Kontaktminen und den auf dem Meeresboden befindlichen Verankerungen, danach kann die Mine geräumt und später (auch an Land) zur Detonation gebracht werden. MK-104 erkennt akustisch, MK-105 magnetisch und MK-106 akustisch und magnetisch zündbare Minen. Am bekanntesten ist der einem Katamaran ähnelnde Minen-

Ihr mächtiges Erscheinungsbild verdankt die MH-53E Sea Dragon den gewaltigen Pontons an den Rumpfseiten, am Bug erkennt man eine Luftbetankungssonde. Außer in ihrer Hauptaufgabe, dem Minenräumen, dienen diese beeindruckenden Riesen auch im logistischen Bereich. (Foto: USN)

Seit den 1970er-Jahren im Inventar der US-Marine, wird inzwischen die vierte Generation des MK-105 eingesetzt. Der als Katamaran ausgeführte Minenräumschlitten verfügt über absenkbare Tragflügel, die ihn bei höheren Geschwindigkeiten aus dem Wasser heben. Vorwiegend kann er magnetisch zündbare Minen aufspüren. (Foto: US Navy)

räumschlitten MK-105, der seit den 1970er-Jahren bis heute und inzwischen in modernisierter Form zur Anwendung gelangt. Zur Zerstörung von Minen konnte die RH-53D ihre zwei an Bord installierten 12,7-mm-MG nutzen. Nach dem Konflikt in Südostasien verwendete die US-Marine ihre RH-53D zu vielen weiteren Missionen und dabei häufig von Flugzeugträgern oder amphibischen Angriffsschiffen aus. Maschinen des Typs waren auch an der misslungenen Geiselbefreiung amerikanischer Zivilisten im Iran 1980 beteiligt, die als Operation »Eagle Claw« weltbekannt wurde und bei der sechs RH-53D verloren gingen bzw. ein Teil von ihnen zurückgelassen werden musste. Die RH-53D stand bis 1997 im Dienst, während CH-53D weitere Einsätze etwa über Afghanistan und Irak absolvierten. Der Dienst der letzten beiden, auf der MCAS Kaneohe Bay, Hawaii stationierten CH-53D-Staffeln endete mit der Deaktivierung von HMH-362 und 363 im November bzw. Mai 2012. Bis zur Ausmusterung hatten sie noch tausendfach Einsätze innerhalb der Operation »Enduring Freedom« geflogen und vorwiegend Truppen sowie weit über 1000 Tonnen Fracht pro Monat transportiert.

Die Staffel HMX-1 in Quantico flog zwei Exemplare der Ausführung VH-53D, die ihrem Einsatzzweck entsprechend für den VIP-Transport in modifizierter Form gebaut, bis zu Anfang des 21. Jahrhunderts geflogen und 2004 im Aerospace Main-

Eine MH-53E hat ihren Einsatz begonnen und zieht einen Minenräumschlitten des Typs MK-105 hinter sich durch das Meer. (Foto: National Museum of Naval Aviation Pensacola)

Frontalansicht der neuesten, King Stallion genannten Version CH-53K. Das Marine Corps hat einen Bedarf von 200 Exemplaren angemeldet, die Serienproduktion ist angelaufen und der Verband HMH-366 vermeldete bereits eine (eingeschränkte) Einsatzbereitschaft des Hubschraubers. (Foto: USMC / Matthew Callahan)

tenance and Regeneration Center (AMARC) in Tucson, Arizona, abgestellt wurden. Heute ist diese Einrichtung als 309th Aerospace Maintenance and Regeneration Group (AMARG) bekannt.

Die Entwicklung des mächtigen Sikorsky-Hubschraubers blieb nicht stehen und unter der Werksbezeichnung S-80 erfolgte die nächste Steigerung für den Drehflügler. Die wurde vor allem durch den Antrieb erreicht, der jetzt aus drei General-Electric-Turbinen besteht. Gleichzeitig kommt ein größerer, siebenblättriger Hauptrotor zur Anwendung, dessen Hauptholme aus Titan gefertigt und mit Kunststoff überzogen sind. Auffällig ist zudem der vergrößerte, nach links geneigte Heckausleger mit geknickter, abgestrebter Höhenflosse, auch als sogenannter »Möwenflügel« bekannt. Zum Standard gehört eine Betankungssonde am Bug, der Rumpf ist knapp zwei Meter länger als der des Vorgängers. Der Einbau von Sitzen in der Rumpfmitte ermöglicht bei Bedarf ebenfalls den Transport von bis zu 55 Soldaten oder aber von bis zu 13.607 kg Fracht an Bord. Außen befestigt, kann die Nutzlast sogar bis zu 16.330 kg betragen, was den Hubschrauber zum stärksten außerhalb der ehemaligen Sowjetunion werden ließ. An der Zelle der S-80 hielten sich die Umbauten in Grenzen, die erfolgten hauptsächlich am oberen Rumpfabschnitt über der Kabine. Einige Verstärkungen waren aber nötig und das tonnenschwere Getriebe musste neu entworfen werden. Zur fortschrittlichen Avionik zählen ein Digital-Flugregler mit zwei Rechnern und Vierachsen-Autopiloten, eine taktische Navigationshilfe (TACAN) oder ein Instrumentenlandesystem. Die Pilotensitze wurden aufschlagsresistenter gebaut und verkraften Lastvielfache von 10g.

Der Erstflug des neuen Schwerlasthubschraubers wurde am 1. März 1974 durchgeführt. Zwei Prototypen YCH-53E, der erste ging später durch einen Unfall am Boden verloren, führten in den folgenden Jahren umfangreiche Testreihen durch und demonstrierten mehrfach ihre Leistungsfähigkeit. Noch im August 1974 wurde eine beachtliche Last von 17.800 kg gehoben

Die Konstruktion der CH-53K wurde nochmals verbessert und die Leistungen erhöht. Hinzu kommen weitere zeitgemäße Einsatzssysteme sowie eine umfängliche Verwendung von Verbundwerkstoffen. (Foto: Heiko Thiesler)

und damit ein Startgewicht von 32.523 kg erreicht. Im Frühjahr 1977 gehörten auch Trägerqualifikationen an Bord der *USS Iwo Jima* zum Erprobungsprogramm. Wegen Fertigungsproblemen bei Sikorsky flog die erste Serienmaschine erst im Dezember 1980 und Mitte 1981 begann die Indienststellung als CH-53E Super Stallion beim US Marine Corps. Erstempfänger wurde seinerzeit die Staffel HMH-464 auf der MCAS New River, North Carolina, 1998 wurde das letzte von 177 bestellten Exemplaren geliefert.

Die ersten Kampfeinsätze der Super Stallion fanden 1983 während des Bürgerkriegs im Libanon statt, es folgten Missionen in Somalia und sie war Teil des Großaufgebots der Marines im Golfkrieg 1991. Neben drei Staffeln, die mit der CH-53D den Vorgänger zum Konfliktherd brachten, kamen HMH-461, 465 sowie 466 mit ihren CH-53E auf verschiedenen Schiffen wie z.B. der *USS New Orleans* und *Tarawa* an, wurden von diesen oder auch von Landbasen in Saudi-Arabien aus eingesetzt. Sie leisteten zahlreiche Unterstützungseinsätze und erledigten hauptsächlich Transportaufgaben. Die CH-53E kam auch während der Auseinandersetzungen auf dem Balkan der 1990er-Jahre zum Einsatz, zum Kosovo-Krieg kamen Maschinen des Typs mit der *USS Inchon, Nassau* und *Kearsage* in die Adria, während die Navy einige Exemplare von der Helicopter Combat Support Squadron Four (HC-4) im italienischen Bari und in Sigonella stationierte. Die leistungsstarken Hubschrauber waren natürlich auch bei den nachfolgenden Konflikten, hauptsächlich im Nahen und Mittleren Osten beteiligt und erfüllten ihre Aufgaben zuverlässig. Als im Oktober 2001 jeweils drei CH-53E von der *USS Bataan* sowie *USS Peleliu* vom Arabischen Meer in Richtung Afghanistan starteten, flogen sie mit 890 km Strecke den bisher längsten amphibischen Kampfauftrag und sicherten dort mit ihren Truppentransporten den ersten lokalen US-Stützpunkt Camp Rhino ab. Bis in die Neuzeit folgten viele weitere Einsatzflüge in Krisen- und Kriegsgebiete, aber auch zu humanitären Zwecken und im Jahr 2019 erreichten die CH-53E die einmillionste Flugstunde. Inzwischen kann die Super Stallion einige Modernisierungen vorwiegend im Cockpit- und Avionikbereich mit GPS, Head-up-Display oder Infrarotsensor aufweisen. Aktuell leisten noch knapp 140 CH-53E ihren Dienst bei den Marines, acht operationelle Einsatzstaffeln haben je zwölf dieser Maschinen in ihrem Bestand und haben ihre Heimatbasen im kalifornischen Miramar, auf der MCAS Kaneohe Bay, Hawaii sowie in New River, North Carolina. Hinzu kommt die Umschulungsstaffel HMHT-302 ebenfalls in New River mit 17 Einsatzexemplaren, ein Test- sowie ein Reserveverband.

Im Einsatz bei der US Navy spielt seit 1986 eine weitere Variante als MH-53E Sea Dragon eine wichtige Rolle, deren Hauptaufgabe das Minenräumen ist. Eine Versuchsmaschine war im Dezember 1981 erstmals geflogen und nachfolgend ausgiebig getestet worden. Sie ersetzte praktisch die RH-53D und kam in den Genuss verschiedener Neuerungen. Die extrem vergrößerten Schwimmer an den Rumpfseiten fielen besonders auf und lassen den Hubschrauber gewaltig erscheinen. Mit der Vergrößerung erhöhte sich der interne Kraftstoffvorrat um mehr als das Dreifache von vormals 3850 auf nun 12.110 l. Die hydraulische und elektrische Leistung an Bord wurde verstärkt, die Automatisierung weiter voran getrieben. Die Sea Dragon kann alle gängigen und modernen Minenspür- und Räumgeräte verwenden einschließlich des MK-105-Räumschlittens, des ALQ-160-Systems für Gegenmaßnahmen auf Schallbasis, eines ALARMS-Lasersensors oder eines seitlich abtastenden AN/AQS-24A-Sonars. Neben den üblichen drei Besatzungsmitgliedern gehören zusätzlich drei bis fünf Soldaten zur Bedienung des Minenräumequipments und der Bewaffnung zur Bordcrew. Die Bewaffnung kann aus zwei bis drei 7,62- oder 12,7-mm-MG bestehen. Dazu sind zwei Werferbatterien mit 60 Täuschkörpern üblich und wurden von der CH-53E übernommen. Die MH-53E kann auch die Aufgaben des Ursprungsmusters wie Schwerlasttransport- und Kranflüge, die Nachschubversorgung von Schiffen, logistische Unterstützungs- und Rückführungseinsätze leisten und somit ein breites Betätigungsfeld abdecken. Auch sie kamen in den Konflikten der jüngeren Vergangenheit zum Einsatz und leisteten Beachtliches. Andererseits zeigten sie während ihrer Missionen zusammen mit den CH-53E mit 5,96 Havarien auf 100.000 Flugstunden eine mehr als doppelt so hohe Unfallrate als andere Hubschrauber der Marineflieger auf, was sicher auf die riskanten, anspruchsvollen Einsätze mit großen Lasten, aber auch in Krisengebieten und unter schwierigen klimatischen Verhältnissen in Verbindung gebracht werden muss. Im Allgemeinen verfügen CH/MH-53E über ein gutes Handling und ausgezeichnete Flugeigenschaften, im Einsatz gibt es aber Restriktionen bei Geschwindigkeit (max. 278 km/h) und Schräglage (max. 90 Grad). Der Wartungsaufwand ist groß, generiert aber meistens einen sehr hohen Klarstand und ein Triebwerkswechsel kann in zwei Stunden vollzogen werden. Gegenwärtig gibt es zwei operationelle Einsatzstaffeln, die z.T. in Bahrein sowie in Südkorea stationiert sind sowie eine Umschulungsstaffel bei der US-Marine, wo man den Einsatz der in 50 Exemplaren beschafften Sea Dragon bis mindestens zum Jahr 2025 fortsetzen möchte.

Das US Marine Corps will ihre CH-53E Super Stallion bis zum Jahr 2030 außer Dienst stellen, bis dahin ist der Ersatz durch die neueste Variante als CH-53K King Stallion in einer Größenordnung von etwa 200 Exemplaren angedacht. Einher geht die Einführung dieses Hubschraubers mit der Erhöhung von derzeit zwölf auf 16 Einsatzmaschinen in jeder der insgesamt acht vorgesehenen Staffeln. Hinzu kommen eine Umschulungseinheit mit bis zu 21 CH-53K sowie die Erprobungsstaffel VMX-1 mit einer kleinen Anzahl der King Stallion.

Das Flugtestprogramm von vier Entwicklungsmaschinen der CH-53K begann am 27. Oktober 2015, zwei Jahre später wurden sechs weitere zur System- und Einsatzerprobung bestellt. Noch zum Ende dieser Dekade lief die Serienproduktion an, eine anfängliche Einsatzbereitschaft bei der in New River beheimateten HMH-366 als erste Einsatzstaffel wird ab Herbst 2020 angestrebt.

Mit der King Stallion wurde der Entwurf des Hubschraubers nochmal gründlich überarbeitet. Nun kommen drei kraftvolle General Electric-Turbinen T408-400 (GE38-1B) mit jeweils 5600 kW Leistung zum Einbau und ermöglichen Nutzlasten von bis zu 15.900 kg Gewicht. Damit kann die zulässige Startmasse auf maximal 39.916 kg steigen, trotzdem ist die Reichweite etwas größer. Verstärkungen an der Zelle sorgen für eine höhere Lebensdauer, zugleich kommen noch mehr Verbundwerkstoffe zum Einsatz. Der Hauptrotor ist komplett aus Verbundwerkstoffen hergestellt und besitzt weiterhin sieben Blätter. Wesentliche Aufwertungen sind die Verwendung einer Fly-by-wire-Steuerung, eines modernen Glascockpits mit Farbdisplays oder das Health and usage monitoring system (HUMS) zur Analyse und Optimierung von Wirtschaftlichkeit und Sicherheit. Die Innenkabine wurde leicht vergrößert und kann nun 463L-Standardpaletten aufnehmen, die sich samt Fracht problemlos in größere Transportflugzeuge umladen lassen. An zwei Fenstern sowie der Heckrampe sind je ein 12,7-mm-MG M3M/GAU-21 montiert. Nicht alle der modernen Baugruppen der CH-53K sind komplett analysiert, aber ohne Zweifel mitverantwortlich für einen hohen Stückpreis. Der ist wie die Programmkosten von über 25 Milliarden US-Dollar bis heute umstritten.

Einsatzstaffeln (Auswahl):
HC-1, 2, 4
HM-12, 14, 15, 16, 18, 19
HMH-361, 363, 366, 461, 462, 463, 465, 466, 769, 772, 777
HMM-163, 264, 362
HMT / HMHT-204, 301, 302
HMX-1

Typ	CH-53E SUPER STALLION
Verwendung	Transporthubschrauber
Besatzung	2–3
Triebwerk	drei General Electric T64-GE-416 mit je 3266 kW
Hauptrotorkreisdurchmesser	24,08 m
Hauptrotorkreisfläche	455,38 m²
Rumpflänge	22,35 m
Höhe	8,46 m
Leermasse	15.072 kg
Startmasse	max. 33.339 kg
Höchstgeschwindigkeit	315 km/h
Steiggeschwindigkeit	12,9 m/s
Dienstgipfelhöhe	5640 m
Reichweite	1000 km
Bewaffnung	optional drei 7,62- oder 12,7-mm-MG an Fenstern und Heckladerampe

Bell AH-1 Huey Cobra / Sea Cobra / Super Cobra / Viper

Die AH-1 Cobra wird als erster echter Kampfhubschrauber der Welt angesehen, flog am 7. September 1965 zum ersten Mal und rüstete in großem Umfang die Bataillone der US Army aus. Das revolutionäre Design mit zwei hintereinander sitzenden Besatzungsmitgliedern in einem nicht mal 1 m breiten Rumpf, eine buglafettierte Bordbewaffnung plus Stummelflügel für weitere Waffen und nicht zuletzt eine hohe Teilegleichheit mit der legendären Huey sorgten auch beim US Marine Corps für großes Interesse. Tatsächlich erhielt Bell's Modell 209, also die spätere AH-1, dieselben dynamischen Komponenten wie Triebwerk, Getriebe und Rotorsystem, die auch bei der UH-1 Verwendung fanden. Das half die Entwicklungszeit zu verkürzen, denn eigentlich suchte die US Army zunächst ein Übergangsmuster, das die Zeit bis zur Einführung eines neuen Kampfhubschraubers innerhalb des Advanced Aerial Fire Support System-Programms überbrücken sollte. Die hierfür bestimmte Lockheed AH-56 Cheyenne war allerdings problembehaftet und sehr teuer, sodass die Bell-Konstruktion über viele weitere Jahre eine größere Bedeutung erlangen sollte. Die Marines forderten schon bald eine eigene Baureihe, um mit diesem Typ die taktische Fliegerleitung zu übernehmen, abgesetzten Marineinfanteristen am Boden Feuer- und anderen Luftfahrzeugen wie Transporthubschraubern Begleitschutz zu bieten sowie zuvor lokalisierte Ziele direkt anzugreifen. Zwischenzeitlich borgten sie sich 38 AH-1G von der US Army und

Typ	AH-1J SEA COBRA
Verwendung	Kampfhubschrauber
Besatzung	2
Triebwerk	ein Pratt & Whitney Canada T400-CP-400 mit 1342 kW
Hauptrotorkreisdurchmesser	13,41 m
Hauptrotorkreisfläche	141,26 m²
Rumpflänge	13,59 m
Höhe	4,10 m
Leermasse	2998 kg
Startmasse	max. 4536 kg
Höchstgeschwindigkeit	330 km/h
Steiggeschwindigkeit	5,6 m/s
Dienstgipfelhöhe	3475 m
Reichweite	575 km
Bewaffnung	eine dreiläufige 20-mm-MK M197 mit 750 Schuss sowie Bomben, Kanonen- und Raketenbehälter, gelenkte Raketen an vier Aufhängepunkten

Ende 1969 begannen die Lieferungen des auf die Bedürfnisse der Marines zugeschnittenen Cobra-Kampfhubschraubers AH-1J, hier das erste Exemplar. Zwei Turbinen statt einer zählten zu den Hauptbestandteilen dieser neuen, Sea Cobra genannten Version. (Foto: National Museum of Naval Aviation Pensacola)

1977 folgte mit der AH-1T eine weitere Baureihe für die Marines. Hier eine frühe Maschine mit ihren Bewaffnungsmöglichkeiten. Immer wieder beeindruckend der nicht mal 1 m breite Rumpf des Kampfhubschraubers. Hauptziel war dem Gegner dadurch eine möglichst geringe Angriffsfläche zu bieten. (Foto: National Museum of Naval Aviation Pensacola)

setzten diese Maschinen ab April 1969 über Vietnam ein. Erste Einsatzstaffel der Cobra bei den Marines wurde die aus VMO-3 hervorgegangene Einheit HML-367, die auf diese Weise fortan ihre UH-1E ergänzte und schließlich ersetzte. Doch bereits ein knappes Jahr zuvor hatte das Marine Corps eine erste Order über 49 AH-1J Sea Cobra abgegeben. Ein erstes Exemplar verließ die Werkhallen in Fort Worth, Texas im Oktober 1969, im Folgemonat fand der Erstflug dieser neuen Version statt. 1971 erfolgte die Einsatzerprobung mit der Sea Cobra über Vietnam und schon bald ergänzte sie die bislang genutzten AH-1G. 1972 operierten AH-1J von Schiffen aus und attackierten maritime Ziele sowie Versorgungslinien Nordvietnams und schließlich boten Hubschrauber dieses Typs Begleitschutz bei der Evakuierung der US-amerikanischen Botschaft in Saigon, der Operation »Frequent Wind« Ende April 1975. Während des Kriegs in Südostasien zählten die Marines sieben AH-1-Verluste durch gegnerischen Beschuss und drei weitere durch Unfälle.

Die AH-1J war auf den ersten Blick der Army-Version AH-1G recht ähnlich, doch verfügte sie über einen neuartigen Antrieb. Der bestand aus zwei Pratt & Whitney Canada-Turbinen T400-CP-400, die über ein Getriebe gekoppelt waren und zusammen 1342 kW Leistung erzeugten. Beim Start und in Notsituationen konnte die Leistung sogar kurzzeitig erhöht werden. Der neue Antrieb wie auch eine nun verwendete Rotorbremse waren ganz klar Sicherheitsaspekte im Einsatzbetrieb des Hubschraubers, gerade von Schiffen aus oder generell über dem Wasser. Als erste Cobra-Version erhielt die AH-1J statt einem Waffenturm mit Kanone und/oder Granatwerfer eine effektivere, dreiläufige M197 von General Electric unter dem Bug, die auch mit Uran angereicherte Munition verschießen konnte. Ihr Schwenkbereich betrug bis zu 110 Grad links/rechts bzw. 22 Grad nach oben und 50 Grad nach unten. Die M197 wurde wie auch das Bugvisier vom Kopilot/Bordschützen bedient, der den vorderen Sitz im Tandemcockpit einnahm. Dahinter platzierte man leicht erhöht den Piloten, der neben der Steuerung meist auch die Auslösung der anderen Waffen übernahm. Hierzu zählten verschiedene Bomben, Werfer mit ungelenkten 70- und 127-mm-Raketen, Lenkraketen zur Bekämpfung von Panzern und gepanzerten Zielen, Kanonenbehälter oder optional auch gelenkte Luft-Luft-Raketen wie AIM-9 Sidewinder

Zur Selbstverteidigung oder zur Bekämpfung langsamer Luftfahrzeuge konnte die Sea Cobra auch Luft-Luft-Raketen wie die an den Stummelflügeln befestigte AIM-9 Sidewinder verwenden. Hier eine AH-1T während Eignungstests auf der Naval Air Weapons Station China Lake. (Foto: National Museum of Naval Aviation Pensacola)

oder AIM-92 Stinger. Diese Waffen führte die Sea Cobra an seitlichen Stummelflügeln von 3,15 m Spannweite mit, welche zugleich den Hauptrotor entlasteten sowie zur Auftriebserhöhung bei hohen Geschwindigkeiten dienten. Geblieben sind Haupt- sowie ein leicht modifizierter Heckrotor, jeweils zweiblättrig ausgelegt und aus Ganzmetall gefertigt. Zusätzliche Stabilisierungsflossen am hinteren Rumpfabschnitt wurden ebenso wie die zwei Kufen statt einem Fahrwerk übernommen. Die zweiköpfige Crew sowie wichtige Baugruppen waren durch Panzerplatten geschützt, zum Selbstschutz konnten (später) ferner Täuschkörper und Störsender eingesetzt werden. Der in Ganzmetallbauweise hergestellte Rumpf erhielt einsatzspezifisch einige strukturelle Verstärkungen sowie einen Korrosionsschutz gegen Salzwasser.

Die Marines hatten nach den ersten 49 AH-1J noch 20 weitere Exemplare dieser Version bis 1975 erhalten, die später z.T. im Sensorbereich aufgewertet und zum Einsatz der Panzerabwehrlenkrakete AGM-114 Hellfire befähigt wurden. Ihr Einsatz währte schließlich bis in die 1990er-Jahre, doch befand sich schon längst eine Improved Sea Cobra im Bestand des Marine Corps. Diese AH-1T war 1975 mit der Auslieferung der letzten Maschinen in der Vorgängerversion bei Bell bestellt worden und ging im folgenden Frühjahr in die Flugerprobung. Die Übergabe der ersten Maschinen erfolgte im Oktober 1977 an die Staffel HMA-169 auf dem kalifornischen Stützpunkt Camp Pendleton. Insgesamt 57 AH-1T wurden hergestellt, die späteren Maschinen konnten dabei von Anfang an, die früheren durch Nachrüstung auch die moderne TOW-Panzerabwehrlenkwaffe verwenden. Gegenüber dem Vorgänger wurde der Rumpf der AH-1T um 1,09 m gestreckt und gleichzeitig mehr Kraftstoff aufgenommen, das Startgewicht hatte sich von 4535 kg auf ganze 6350 kg erhöht und der Hauptrotorkreisdurchmesser von 13,41 m auf 14,63 m vergrößert. Die Zwillingsturbine T400-CP-400 wurde durch die T400-WV-402 mit mehr Leistung ersetzt und erzielte mit voller Zuladung bessere Flugeigenschaften. Im Großen und Ganzen war man mit der

Zuverlässigkeit und den Leistungen zufrieden, doch hielt man eine deutliche Kraftreserve bei Einsätzen in höher gelegenen Regionen für förderlich. Schon im April 1980 flog deshalb eine AH-1T Plus (AH-1T+) zum ersten Mal, welche die leistungsstärkeren T700-Turbinen von General Electric erhalten hatte. Verbesserte Flugleistungen und Zuladungen, auch in größeren Höhen, stellten sich ein und der Kraftstoffverbrauch des Hubschraubers konnte gesenkt werden. Die Marines bestanden auf die Modernisierung ihrer Kampfhubschrauberflotte und testeten 1983 die AH-1T Plus ausgiebig im Naval Air Test Center Patuxent River, gefolgt von der Einsatzerprobung im nächsten Jahr. Die Ergebnisse fielen positiv aus und ab 1986 begann die Lieferung von neu- sowie umgebauten Exemplaren unter der Bezeichnung AH-1W Super Cobra. Bis 1998 waren es insgesamt 168 neu gebaute sowie 44 vom AH-1T auf diesen Standard umgerüstete AH-1W, die sich neben dem modifizierten Antrieb vor allem durch die umfangreichere Avionik, einschließlich Radar- und Laserwarnsystem, Nachtzielgerät mit Infrarot- und TV-Sensoren, ein Head-up-display für den Piloten oder eine verbesserte Panzerung auszeichneten. Die AH-1W wurden bei acht leichten Angriffsstaffeln sowie einer Trainingsstaffel des US Marine Corps eingeführt und spielen seitdem eine Schlüsselrolle bei der Unterstützung eigener Verbände und damit der Kampfführung in jüngeren Konflikten. Im Golfkrieg 1991 setzten die Marines während der Operation »Desert Storm« 78 AH-1W ein, die dort eine Verfügbarkeitsrate von 92% vorweisen konnten. In annähernd 1200 Einsätzen flogen sie Gefechtsfeldaufklärung und Luftnahunterstützung, bekämpften irakische Panzer mit Hellfire-Lenkraketen und erlitten selbst nur einen Verlust durch einen Unfall. In den folgenden Jahren wurden AH-1W zu Überwachungs-, Begleitschutz- und zum Teil auch Angriffsflügen über Somalia, Bosnien, Haiti und Liberia eingesetzt, führten derartige Missionen von amphibischen Angriffsschiffen wie der *USS Bataan* und *USS Peleliu* während der Operation »Enduring Freedom« über Afghanistan aus und spielten eine große Rolle im erneuten Waffengang ge-

Aus Leistungs- und Sicherheitsgründen versprachen zwei Triebwerke deutliche Vorteile, diese AH-1W der Staffel HMM-163 besitzen zur Verringerung der Infrarotsignatur vergrößerte, nach außen gerichtete Abgasrohre an den Turbinen. (Foto: US Navy)

AH-1W wurden in allen Konflikten der jüngeren Vergangenheit eingesetzt. Diese Super Cobra der Einheit HMLA-167 startet 2007 zu einem weiteren Einsatz im Irak. (Foto: US DoD / S.M. Brooks)

gen Irak ab 2003. Bereits während der Verlegung von Marine Corps-Verbänden an den Konfliktherd flogen AH-1W bis zur Straße von Hormus Begleitschutz für die Schiffe und wurden nachfolgend nach Kuwait überstellt. Später leisteten sie eine Vielzahl von Sicherungs- und Luftnahunterstützungseinsätzen und vernichteten dabei zahlreiche Panzer, Fahrzeuge und Artillerie-Stellungen. Schweres Abwehrfeuer führte dazu, dass von den 54 eingesetzten AH-1W nicht weniger als 44 Maschinen bei verschiedenen Missionen beschädigt, aber meist wieder in einen einsatzfähigen Zustand versetzt wurden. Einen ersten Verlust gab es für die Staffel HMLA-267 am 5. April 2003, mindestens acht weitere sollten in den nächsten Monaten folgen. Bei den immer wieder aufflammenden Kämpfen etwa um Falludscha waren AH-1W rund um die Uhr in der Luft und wurden auch in den Folgemonaten stark beansprucht. Bis heute sind diese Hubschrauber zudem über Afghanistan aktiv.

Für das Marine Corps hatte sich das Einsatzkonzept eines schnellen, beweglichen Kampfhubschraubers vollauf bestätigt, der zeitgemäß angepasst auch für weitere Jahrzehnte im Einsatz stehen wird – nunmehr in der Ausführung AH-1Z Viper. Die Umrüstung von AH-1W auf die AH-1Z ist in vollem Gange, aktuell sehen die Beschaffungspläne 189 Exemplare der neuesten Version vor. Sie beinhalten 152 neu gebaute und 37 umgerüstete Maschinen. In sieben operationellen Einsatzstaffeln sowie der Umschulungseinheit HMLAT-303 dienen dann je 15 AH-1Z an der Seite von je zwölf UH-1Y Venom, wenn die verbliebenen AH-1W bis zum Jahr 2021 in den Reservestatus überstellt sind. Hinzu kommen zwei Reserveverbände mit einer ähnlichen Anzahl an Einsatzexemplaren. Eine erste Umrüstmaschine der AH-1Z begann am 7. Dezember 2000 mit dem Flugtestprogramm, ab 2002 unterstützt von zwei weiteren Versuchsmaschinen. Im Verlauf der Erprobung wurden Maximalgeschwindigkeiten von 411 km/h sowie eine 20% größere Flugweite nachgewiesen, 2006 folgten umfangreiche Schießübungen auf der Naval Air Weapons Station in China Lake, Kalifornien. Im Jahr 2011 vermeldete HMLA-367 eine anfängliche Einsatzbereitschaft, die Staffel zog im Jahr darauf vom kalifornischen Camp Pendleton auf die MCAS Kaneohe Bay, Hawaii. Entwicklung und Erprobung verliefen nicht immer problemlos, seit dem Programmstart 1996 wurde das Programm mehrmals umstrukturiert und die Kosten stiegen auf mehr als das Doppelte an. Unbestritten hat auch die modernisierte Ausstattung ihren Anteil daran. Wichtige Bestandteile sind ein neuer faltba-

Typ	**AH-1W SUPER COBRA**
Verwendung	Kampfhubschrauber
Besatzung	2
Triebwerk	zwei General Electric T700-GE-401 mit je 1260 kW
Hauptrotorkreisdurchmesser	14,63 m
Hauptrotorkreisfläche	168,11 m^2
Rumpflänge	13,89 m
Höhe	4,32 m
Leermasse	4656 kg
Startmasse	max. 6690 kg
Höchstgeschwindigkeit	315 km/h
Steiggeschwindigkeit	10,1 m/s
Dienstgipfelhöhe	4570 m
Reichweite	635 km
Bewaffnung	eine dreiläufige 20-mm-MK M197 mit 750 Schuss sowie bis 1119 kg Bomben, Kanonen- und Raketenbehälter, gelenkte Raketen an vier Aufhängepunkten

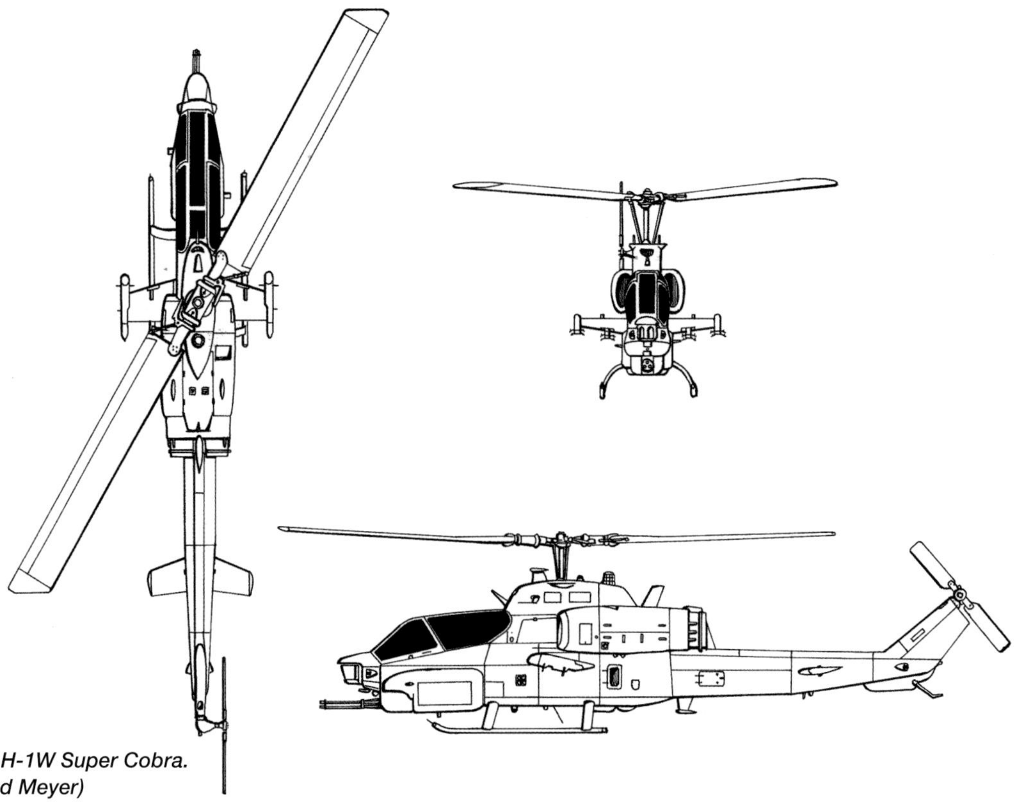

Dreiseitenriss der AH-1W Super Cobra. (Zeichnung: Manfred Meyer)

Eine AH-1Z mit Luftkampfraketen an den Flügelspitzen sowie Behältern mit ungelenkten Raketen und panzerbrechenden Hellfire-Lenkwaffen an den Unterflügelpylonen. Das Ganze ergänzt mit umfangreicher Zielsensorik. Man kann durchaus den von Bell-Textron propagierten Titel ultimativer Kampfhubschrauber nachvollziehen. (Foto: Lockheed Martin)

rer und nun vierblättriger, aus Verbundwerkstoffen hergestellter Haupt- und auch ein vierblättriger Heckrotor, der komplette Austausch und die Digitalisierung der Avioniksysteme, neuere Waffen oder die gekühlten Triebwerksausgänge zur Verminderung der Infrarot-Signatur. Die Kernkomponente stellt das von Lockheed Martin gelieferte AAQ-30 Hawkeye-Zielsystem im Bugturm dar, das mit neuester Technik an Infrarot-, Laser- sowie Restlichtfernsehsystemen ausgestattet ist und per Hand oder mittels eines Helmvisiers bedient werden kann. Das von Thales entwickelte Helmvisier kann Flugparameter und Infrarotbilder auf die Sichtgläser des Pilotenhelms projizieren, ferner gibt es Multifunktionsdisplays, GPS, ein APR-39B(V)2-Radarwarnsystem sowie ein optisches Warnsystem AAR-47(V)2. Die Stummelflügel an den Rumpfseiten wurden neu konzipiert, nehmen Kraftstoff sowie an insgesamt vier Stationen sowie den Flügelenden eine erhöhte Waffenlast auf. Geblieben ist die dreiläufige 20-mm-Kanone M197 mit einer Kadenz von 650 Schuss pro Minute. Den Antrieb leisten weiterhin zwei T700-GE-401-Turbinen mit je 1260 kW Leistung, die Startmasse erreicht bis zu 8400 kg. Großer Wert wurde auf eine erhöhte Sicherheit und Überlebensfähigkeit des Hubschraubers im Einsatzgebiet, auf besseren Korrosionsschutz und einen geringeren Wartungsaufwand gelegt, die Zellenlebensdauer soll 10.000 Stunden erreichen. Inzwischen ist die Cobra unbestritten ein Klassiker, der nun als Viper laut Bell den ultimativen Kampfhubschrauber darstellt.

Einsatzstaffeln (Auswahl):
HMA / HMLA-167, 169, 267, 269, 367, 369, 469, 773, 775
HMM / VMM-162, 163, 166, 263, 266
HMLAT-303

Agusta MH-68 Stingray

Die US Coast Guard sah zum Ende des 20. Jahrhunderts zunehmend Gefahren im Drogenschmuggel, der hauptsächlich von der Karibik aus oder entlang der US-Küsten mit leistungsfähigen Schnellbooten abgewickelt wurde. Patrouillierende Einheiten auf See hatten häufig das Nachsehen, der Hubschrauber hingegen könnte ein geeignetes Mittel sein, diese oft über 100 km/h schnellen Boote zu stoppen, bei Bedarf auch mit Waffengewalt. 1998 reiften konkrete Pläne für eine Spezialstaffel heran, die zur Bekämpfung der Drogenkuriere mit einem flexibel einsetzbaren Hubschraubermuster ausgerüstet werden sollte. US Coast Guard Commander Mark Torres leitete die Ausarbeitung von Einsatztaktiken, die von Angehörigen der Marines-Staffel HMLA-269 unterstützt wurden. Letztere führten die Coast Guard Aircrews auch an den Schusswaffengebrauch heran, der Teil des Trainings war. So erfolgte auf dem Cecil Airport in Jacksonville, Florida die Aufstellung der Staffel HITRON – Helicopter Interdiction Tactical Squadron. Zu Anfang auch als HITRON-10 bezeichnet, deutete die Ziffer 10 auf die ersten luftgestützten Besatzungsmitglieder hin – sechs Piloten und vier Bordschützen. HITRON wurde zur ersten und zunächst einzigen luftgestützten Staffel der US-Küstenwache, die bei Bedarf Waffengewalt anwendet. Sekundär waren auch Überwachungs- und Hilfsflüge vorgesehen.

Im September 1999 wurde die Existenz von HITRON öffentlich gemacht, zur selben Zeit flog die Staffel Hubschrauber vom

Typ	**MH-68A STINGRAY**
Verwendung	Spezialhubschrauber
Besatzung	3
Triebwerk	zwei Pratt & Whitney Canada PW206C mit je 420 kW
Hauptrotorkreisdurchmesser	11,00 m
Hauptrotorkreisfläche	95,03 m²
Rumpflänge	11,45 m
Höhe	3,50 m
Leermasse	1590 kg
Startmasse	max. 2850 kg
Höchstgeschwindigkeit	285 km/h
Steiggeschwindigkeit	9,8 m/s
Dienstgipfelhöhe	5970 m
Reichweite	930 km
Bewaffnung	ein 7,62-mm- und ein 12,7-mm-MG

Typ MD 900 / 902 unter der inoffiziellen Dienstbezeichnung MH-90 Enforcer. Die Maschinen wurden geleast und bis März

Acht in den USA komplettierte Agusta A 109 leaste die Küstenwache von November 2000 bis Januar 2008 und stellte diese als MH-68A in Dienst. Innerhalb der HITRON-Staffel sollten sie hauptsächlich dem mit Schnellbooten durchgeführten Drogenschmuggel Einhalt gebieten. Die MH-68 war nicht schwimmfähig konstruiert, besaß aber vier aufblasbare Notschwimmer an den Rumpfseiten (grau). (Foto: USCG)

Neben einem lafettierten 7,62-mm-MG in der linken Tür verfügte der Bordschütze über ein Präzisionsgewehr, Kaliber 12,7 mm, mit dem bei Nichtbefolgen von Anweisungen der Antrieb der Schnellboote ausgeschaltet werden sollte. (Foto: USCG)

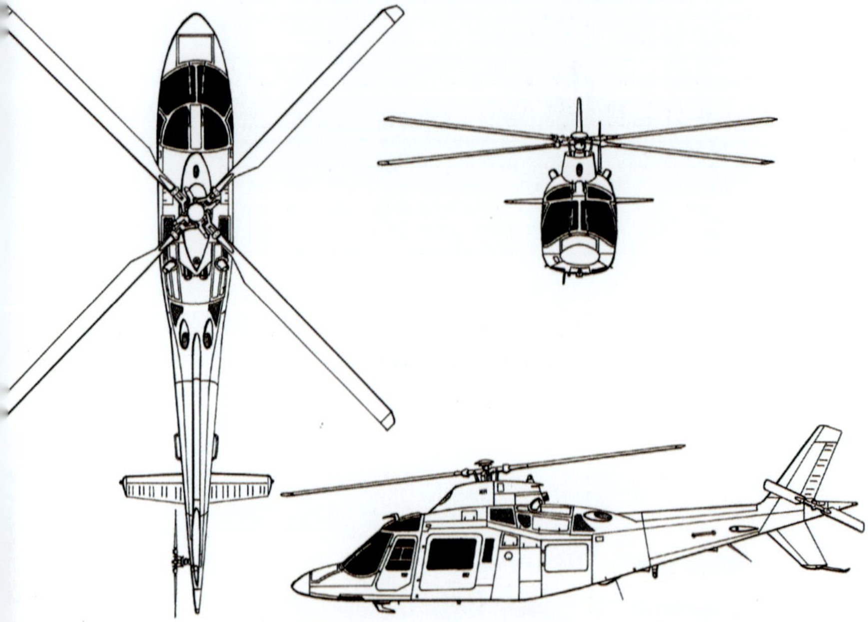

Dreiseitenriss der Agusta A 109.(Zeichnung: Manfred Meyer)

2000 einsatzerprobt, doch fiel die Wahl letztlich auf die italienische Agusta A 109E.

Die A 109 war in Prototypenform bereits am 4. August 1971 erstmals geflogen und sollte als Mehrzweckmuster auf dem zivilen und militärischen Sektor Absatz finden. Tatsächlich ließ sich der schnittige Hubschrauber gut verkaufen, die A 109E stellt eine verbesserte, mit zwei Triebwerken ausgerüstete Ausführung aus den 1990er-Jahren dar. Die anfänglich vorgesehenen Turboméca-Wellenturbinen wurden durch Pratt & Whitney-Aggregate ersetzt, so wie sie auch die Maschinen bei der Küstenwache nutzten. Sie trieben den vierblättrigen Hauptsowie den zweiblättrigen Heckrotor an. Hier kamen vermehrt Verbundwerkstoffe zur Anwendung, während der stromliniengünstig geformte Rumpf in Leichtmetallbauweise produziert wurde. Für Wasserungen ließen sich an den Rumpfseiten bis zu vier aufblasbare Schwimmer befestigen. Am sich verjüngenden Rumpfheck befanden sich zwei verstellbare Höhensowie zwei feste vertikale Stabilisierungsflossen, das dreiteilige, je einfach bereifte Fahrwerk in Bugradanordnung konnte vollständig eingezogen werden. Möglich war das Anbringen eines Hakens zum Transport von maximal 907 kg Außenlast, auf der Steuerbordseite fand bei Bedarf eine Rettungswinde Platz. Der Hubschrauber verfügte über Rotorbremse und Doppelsteuerung, die Avionik beinhaltete die üblichen Funk- und Navigationsanlagen sowie spezielle, auf die jeweilige Version ausgerichtete Systeme. So hatte die MH-68 für die US-Küstenwache neben einem Wetterradar auch einen vorwärts gerichteten Infrarotsensor (FLIR – Forward Looking Infrared) sowie ein Restlichtkamerasystem (LLTV – Low Light Television) und Nachtsichtgläser in ihrem Arsenal, um verdächtige Boote auch bei schlechten Sichtverhältnissen zu erfassen. Desweiteren gehörten im Cockpit digitale Kartenfunktionen und Bildschirme dazu. Ferner gelangten Scheinwerfer, Sirenen, Lautsprecher sowie Bewaffnung zum Einbau. Diese bestand aus einem 7,62-mm-MG M240, das beweglich in die offene Backbordtür installiert wurde. Zusätzlich gab es ein tragbares 12,7-mm-Scharfschützengewehr RC-50 mit Laserzielmarkierer. Während mit dem MG hauptsächlich Warnschüsse auf die Umgebung verdächtiger Boote abgegeben werden sollte, diente das RC-50 zum Ausschalten des Bootsantriebs, wenn die Besatzung dann nicht beidrehte. Mit dem großen Kaliber konnten problemlos Motorblöcke durchschossen werden.

Die US Coast Guard leaste acht A 109, die von Agusta USA in Philadelphia, Pennsylvania komplettiert wurden. Die erste Maschine kam im November 2000 nach Jacksonville, Florida, die Dienstbezeichnung lautete MH-68A, im Jahr 2003 kam der Zusatzname »Stingray« hinzu. Als die achte Maschine im August 2001 übergeben wurde, bestand das Personal von HITRON aus 32 Piloten, 30 Bordschützen sowie zwölf Wartungstechnikern. Der Einsatz erfolgte vorwiegend vom Stützpunkt Jacksonville sowie von kleineren Schiffen der Küstenwache aus, auf denen die Hubschrauber Fahrten von durchschnittlich 30 bis 60 Tagen Dauer absolvierten. Von Anfang an bilanzierte der Einsatz mit der MH-68 gute Ergebnisse, allein in den ersten drei Jahren konnten zahlreiche Schnellboote mit Rauschgift im Wert von über drei Milliarden US-Dollar aufgebracht werden. Mit den Erfolgen wurde auch das Leasing verlängert, aber letztlich im Januar 2008 beendet. Damit endete auch der Einsatz der Agusta A 109 bei den amerikanischen Marinefliegern.

Einsatzstaffeln:
HITRON

Sikorsky S-70 / H-60 Sea Hawk / Ocean Hawk / Rescue Hawk / Knighthawk / Jayhawk

Die Sikorsky-S-70-Familie gehört nun schon seit Jahrzehnten zu den erfolgreichsten und vielseitigsten Mehrzweckhubschraubern, die nicht nur in den USA sondern auch weltweit mit Tausenden Exemplaren eine große Verbreitung fand. Die Entwicklung des Hubschraubers ging ursprünglich auf Forderungen der US Army nach einem taktischen Mehrzweckmuster für den Gefechtsfeldbereich und als Ersatz für die berühmte Huey zurück. Auch die anderen US-Teilstreitkräfte interessierten sich bald für den Typ und bestellten ihre eigenen Versionen.

Als YUH-60A leitete der erste Prototyp am 17. Oktober 1974 die Flugerprobung ein und verhalf dazu, die Army-Ausschreibung zu gewinnen. Am 12. Dezember 1979 flog auch eine von der US Navy bestellte Versuchsmaschine erstmalig und wurde als YSH-60B bezeichnet. Gemäß dem vorgesehenen Einsatzkonzept LAMPS (Light Airborne Multi-Purpose System) sollten die Serienmaschinen als SH-60B vorwiegend von Schiffen wie Fregatten, Zerstörern und Kreuzern aus bei jedem Wetter die Seeraumüberwachung und U-Boot-Abwehr übernehmen, zweitrangig Einsätze im Search-and-Rescue-Bereich sowie Transport- und Verbindungsflüge absolvieren. So erhielt die SH-60B spezifische Einsatzgeräte wie das in einer runden Verkleidung unter dem Bug befindliche AN/APS-124-Suchradar, backbord am Rumpf 25 Werfer für Sonarbojen plus Sonarbojenreceiver, des Weiteren einen Akustikprozessor, auf der rechten Seite einen schleppbaren ASQ-81-MAD-Sensor, ein Freund-Feind-Erkennungsgerät oder mit dem ALQ-142 ein System für elektronische Unterstützungsmaßnahmen. Das von Texas Instruments gelieferte AN/APS-124 lieferte Daten gleichermaßen an die Bildschirme im Cockpit des Hubschraubers sowie auf die Bildschirme der als Operationsbasen dienenden Schiffe. Zur umfangreichen Avionik zählten außerdem ein Dopplergerät und ein Radarhöhenmesser sowie eine taktische Navigationshilfe (TACAN). Bewaffnungsmöglichkeiten stellten z.B. Mk46-Torpedos und Mk36-Minen, Wasserbomben des Typs Mk53 oder Lenkwaffen wie die Anti-Schiffsraketen AGM-84 Harpoon und AGM-119 Penguin dar. Die SH-60B verfügte über eine Rotorbremse sowie über vier Titan-Hauptrotorblätter, die einem Beschuss bis zum Kaliber 23 mm standhielten. Zudem besaßen sie leicht gepfeilte Spitzen zur Erhöhung der Leistungsfähigkeit und gleichfalls zur Verminderung des Lärms. Zur besseren Unterbringung an Bord von Schiffen ließen sich die Rotorblätter sowie die Höhenflosse automatisch falten und das Heck beiklappen. Haupt- und der ebenfalls vierblättrige Heckrotor wurden von zwei Wellenturbinen angetrieben, die oberhalb der Kabine, beiderseits des Rotormastes

Typ	MH-60R SEAHAWK
Verwendung	Mehrzweckhubschrauber
Besatzung	3
Triebwerk	zwei General Electric T700-GE-401C mit je 1417 kW
Hauptrotorkreisdurchmesser	16,36 m
Hauptrotorkreisfläche	210,05 m²
Rumpflänge	15,26 m
Höhe	5,18 m
Leermasse	6545 kg
Startmasse	max. 10.660 kg
Höchstgeschwindigkeit	296 km/h
Steiggeschwindigkeit	8,4 m/s
Dienstgipfelhöhe	3960 m
Reichweite	835 km
Bewaffnung	optional bis zu zwei 7,62- und zwei 12,7-mm-MG sowie Torpedos, Raketenbehälter, ungelenkte und gelenkte Raketen an drei Aufhängepunkten

Eine SH-60B der Staffel HSL-43 schwebt über dem Zerstörer USS Mason *(DDG-87) und trägt zur U-Boot-Suche eine schleppbare MAD-Sonde (rechts am Heckausleger gerade zu erkennen). Die SH-60B waren die ersten Einsatzmaschinen des vielseitigen Hubschraubers für die US-Marine. (Foto: US Navy)*

Diese Aufnahme zeigt den Abschuss einer AGM-119 Penguin-2-Lenkwaffe zur Bekämpfung von Überwasserschiffen. Sie wiegt 385 kg und kommt auf 35 km Reichweite. Die Zieldaten wurden zuvor von der Crew der SH-60B einprogrammiert. (Foto: US Navy)

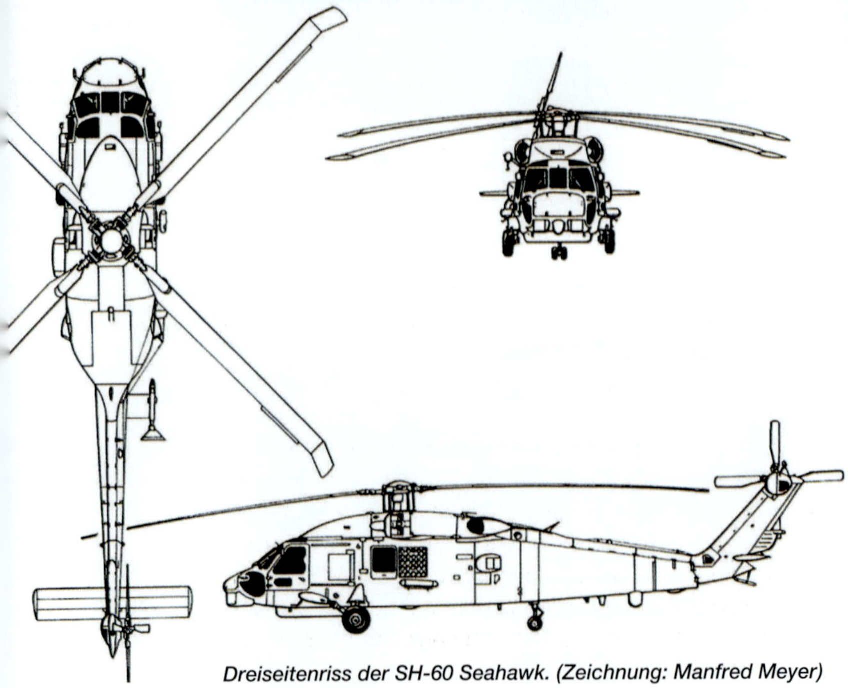

Dreiseitenriss der SH-60 Seahawk. (Zeichnung: Manfred Meyer)

installiert wurden. Eine Betankung des Drehflüglers war auch im Schwebeflug möglich, das dreiteilige Heckradfahrwerk robust ausgelegt. Eine dreiköpfige Crew bestand beim SH-60B normalerweise aus dem Piloten, einem taktischen Koordinator/Kopiloten sowie einem Systemoperator.

Im September 1983 wurde die leichte U-Boot-Abwehrstaffel HSL-41 auf der NAS North Island, San Diego, Erstabnehmer der SH-60B, wo vorwiegend Piloten für ihre Einsätze trainiert wurden. Mindestens zehn Einsatzstaffeln bezogen den Hubschrauber, von dem Sikorsky insgesamt 186 Stück an die US Navy lieferte. Etliche davon erhielten im Laufe der Produktion stärkere T700-Turbinen, die dann jeweils 1417 statt 1261 kW leisteten. Als Upgrades kamen eine dritte Außenlaststation, GPS, Täuschkörperwerfer, Störsender sowie neuere Waffen dazu. Zugleich war mit der SH-60F Ocean Hawk eine neue Version entstanden, die von der Navy Mitte 1987 akzeptiert und zwei Jahre später zuerst in der Staffel HS-10 im operationellen Einsatz verwendet wurde. Als trägergestützte Ausführung ist das Equipment auf die Nahbereichs-U-Boot-Abwehr ausgerichtet, Komponenten für Mehrzweckfunktionen einschließlich Datenübertragungsanlage und Radar, aber auch MAD und Sonarbojenwerfer wurden entfernt. Zur U-Boot-Abwehr erhielt die SH-60F dafür ein mit einem 460 m langen Kabel gekoppeltes AQS-13-Eintauchsonar von Bendix. Insgesamt zehn Einsatzverbände wurden zum Nutzer von 82 gelieferten Exemplaren, eine erste Einsatzfahrt wurde im Februar 1991 an Bord der *USS Nimitz* mit SH-60F der U-Boot-Jagd-Staffel HS-2 durchgeführt. Bei dieser Einsatzfahrt waren neben den SH-60F als eine weitere Serienversion auch HH-60H Rescue Hawk an Bord des Flugzeugträgers. Die HH-60H dienten ebenfalls auf Trägerschiffen der US-Marine im Verbund mit SH-60F, waren auf Search-and-Rescue-Missionen spezialisiert

Hier werden Kampfmittelräumer von einer HH-60H Rescue Hawk der Staffel HS-14 aufgenommen. Im Hintergrund die USS George Washington *(CVN-73). (Foto: US Navy)*

und weiterführend auch zur Unterstützung bei Kommandounternehmen gedacht. Zudem konnten sie Unterstützungsflüge und den Transport wichtiger Güter innerhalb der Trägerkampfgruppe übernehmen. Die Auslieferung der HH-60H hatte im Frühjahr 1989 begonnen, insgesamt 42 Exemplare gingen an zehn Navy-Verbände und zuerst an die im kalifornischen Point Mugu beheimatete Staffel HS-5. So gehörten vier bis fünf SH-60F plus zwei bis drei HH-60H zu den auf den Trägerschiffen stationierten Helicopter Anti-Submarine Squadrons. Auch die HH-60H verfügten über verschiedene elektronische Warn- und Störsysteme und mit dem AN/AAS-44 über einen Multispektralsensor der 2. Generation für den elektro-optischen sowie Infrarotbereich. Möglich war eine aus Bord-MG und Lenkwaffen bestehende Bewaffnung, AGM-114 Hellfire-Raketen mit panzerbrechender Wirkung gehörten dazu.

Innerhalb der bis zum Jahr 2015 vollzogenen Umstrukturierung der Flugzeugträgerverbände wurden die SH-60B und SH-60F ausgemustert und durch die neueren Baureihen MH-60R und S ersetzt. Auch die HH-60H absolvierten 2015 eine letzte Einsatzfahrt an Bord der *USS Theodore Roosevelt* (CVN-71) und nur noch eine Handvoll dieser Maschinen diente bis Mai 2019 in den Reservestaffeln HSC-3 und HSC-85 zur Unterstützung von Spezialoperationen der Navy SEALs.

Die im Juli 1999 erstmals im Flug erprobte MH-60R glänzt vor allem damit, in der Mehrzweckfunktion verschiedene Eigenschaften der vorherigen Baureihen zu vereinen und über eine gestreckte Lebensdauer von bis zu 20.000 Flugstunden zu verfügen. Mit verbesserten Systemen, insbesondere im Sensorbereich, wird beispielsweise die U-Boot-Suche effektiver gestaltet. Hierzu dienen ein luftgestütztes Sonar Raytheon AQS-22F, Sonarbojen, Akustikprozessor oder ein Mehrzweckradar AN/APS-147. Das ab 2012 in die Ausrüstung übernommene AN/APS-153-Radar war nochmals leistungsstärker und erreicht gegenüber dem in der SH-60B verwendeten System eine zehnfach höhere Zielerfassungsrate. Zur Ausstattung der MH-60R gehören zudem Geräte zur elektronischen Kampfführung, eine Link 16-Echtzeitdatenvernetzung mit anderen Einheiten der eigenen Streitkräfte, Täuschkörperwerfer, MG, ungelenkte 70-mm-Raketen und moderne Mk54-Leichtgewichtstorpedos. Andere Einsatzgebiete für die MH-60R sind

Ab 2009 erhielt die Helicopter Marine Strike Squadron (HSM)-77 das Modell MH-60R, das einen wahren Mehrzweckcharakter besitzt. Die vordere Maschine trägt einen Torpedo. (Foto: Lockheed Martin)

unterstützende Einsätze bei Kampfhandlungen, Transport-, Verbindungs- und Rettungsflüge oder auch Funktionen als Relaisflugzeug.

Die Navy gab Ende 2005 eine anfängliche Einsatzbereitschaft für die MH-60R bekannt, eine erste operationelle Einsatzfahrt fand 2009 mit dem Verband HSM-71 auf der *USS John C. Stennis* (CVN-74) statt. Bis 2018 wurden insgesamt 280 MH-60R in Dienst gestellt. Sie befinden sich im Bestand von 15 Einsatz- sowie zwei Umschulungsstaffeln, hinzu kommt die Reserveeinheit HSM-60 auf der NAS Jacksonville, Florida. Zwischenzeitlich erfolgten kleinere Upgrades, eine Verbesserung stellte neben dem AN/APS-153-Radar auch das ab 2016 gelieferte ARPDD-Zusatzgerät zum automatischen Erkennen und Klassifizieren von U-Boot-Periskopen dar. Im Flugzeugträgerbetrieb gehören die MH-60R in einer Größenordnung von elf Maschinen zum Trägergeschwader, ergänzt um MH-60S der Helicopter Sea Combat Squadrons (HSC).

Anfangs mit CH-60S betitelt, erschien mit der MH-60S Knighthawk ein weiterer Spross dieser nützlichen Sikorsky-Modelle. Als Serienmaschine im Januar 2000 erstmals in der Luft, ist sie seit 2002 im Dienst. Im selben Jahr absolvierten MH-60S von HC-5 auf dem Versorgungsschiff *USNS San Jose* (AFS-7) eine erste Einsatzfahrt, im Januar 2003 folgte die erste Einsatzfahrt an Bord des amphibischen Angriffsschiffes *USS Essex* (LHD-2). Allein in den ersten drei Jahren schafften die MH-60S der US Navy 100.000 unfallfreie Flugstunden, bis Januar 2016 wurden insgesamt 275 dieser vielseitigen Hubschrauber übergeben. Sie dienen derzeit in 16 operationellen Einsatz- sowie zwei Umschulungsstaffeln. Innerhalb der Flugzeugträgergeschwader gehören je acht MH-60S zum Inventar, die wie ein Teil der

Diese beiden MH-60R von HSM-77 patrouillieren an der Pazifik-Küste und tragen unterschiedliche Ausrüstung. Die MH-60R vorn ist mit mehreren AGM-114 Hellfire bestückt, die abdrehende mit einem Torpedo. Gut zu sehen auch die Sensorkuppeln vor dem Rumpfbug sowie das runde Radargehäuse. (Foto: Sikorsky)

MH-60R auch auf anderen Begleitschiffen des Verbandes wie Fregatte, Zerstörer und Lenkwaffenkreuzer stationiert sind. Die Aufgaben der MH-60S sind vielseitig und hauptsächlich im logistischen Bereich angesiedelt. Sie bewältigen verschiedenste Transporteinsätze, können hierzu in der Kabine bis zu 13 Passagiere oder 2495 kg Nutzlast aufnehmen. Als Außenlast können an einem Haken dagegen bis zu 4082 kg befördert werden. Auch die Versorgung unter Schiffen (VERTREP), Flüge von Schiffen zu Landbasen und umgekehrt, Search-and-Rescue-Einsätze, das Plane Guard oder die Minenabwehr gehören zum Einsatzspektrum. Innerhalb der Block 1- bis 3-Standards erfuhren die Hubschrauber einige Aufwertungen, zur Minenabwehr etwa gelangten später ein Multispektralzielerkennungssystem AN/AAS-44C sowie ein lasergestütztes AN/AES-1 zur Erfassung von Minen zum Einbau. Ein Helmvisier für den Piloten, eine Link 16-Datenvernetzung oder Hellfire-Lenkraketen sind weitere Upgrades. Die MH-60S ist zudem von Anfang an mit einem Glascockpit und insgesamt vier Farbdisplays, Missionscomputer und digitalen Kommunikationsanlagen ausgestattet, kann eine Rettungswinde sowie verschiedene Schusswaffen nutzen. In den seitlichen Fenstern sind links und rechts je ein 7,62-mm-MG und in den Kabinentüren je ein 12,7-mm-MG, alle mit Laserzielmarkierung, montiert. Zusätzlich kann eine nach vorn gerichtete, dreiläufige 20-mm-Kanone M197 angebaut werden und die Feuerkraft erheblich verstärken. Ein wesentliches Erkennungsmerkmal der MH-60S ist das wieder nach hinten verlagerte Heckrad, so wie es auch die ursprüngliche Army-Version besitzt und damit härteren, schnell durchzuführenden Landungen dienlich ist. Ansonsten stimmen 85% der Systeme bei MH-60S und MH-60R überein, was gleichfalls

Gut zu sehen ist hier die Platzersparnis bei gefalteten Rotorblättern, die zudem einen Beschuss bis zum Kaliber 23 mm verkraften. (Foto: US Navy)

Ein AQS-13-Tauchsonar wird zur U-Boot-Suche von einer MH-60R ins Meer gelassen. An der Rumpfseite erkennt man zudem die Ausstoßröhren für Sonarbojen sowie Hellfire-Lenkraketen. (Foto: Lockheed Martin)

Wartungs- und Trainingsabläufe vereinfacht.

Die oben beschriebenen Baureihen waren seit Dienstantritt bei zahlreichen Abkommandierungen zu Krisen- und Kriegsgebieten vertreten und erfüllen bis heute wichtige Aufträge im militärischen, aber auch humanitären Bereich. Im Golfkrieg 1991 überzeugten die HH-60H von HCS-4 und HCS-5 mit einem hohen Klarstand von 95%, anderenorts konnten SH-60 zwei abgestürzte Piloten retten. Auch zum Kosovo-Krieg 1999 kamen SH-60F und HH-60H auf Trägerschiffen zum Konfliktherd und bis heute sind die Seahawks wichtige Einsatzgeräte in den auch von der US Navy getragenen Auseinandersetzungen der jüngeren Vergangenheit etwa in Afrika oder dem Nahen und Mittleren Osten.

Das US Marine Corps ist nur ein kleiner Nutzer des Hubschraubers und kaufte für die Staffel HMX-1 neun Exemplare. Sie wurden als VH-60N ab 1988 in Dienst gestellt und befördern hauptsächlich den US-Präsidenten, Familie und engste Mitarbeiter. Mit dem Communications Specialty Officer wurde eine vierte Crew-Position im VH-60N geschaffen, der für die spezielle Kommunikationsausstattung verantwortlich ist. Viele der verbauten Komponenten, einschließlich mancher Kommunikationsgeräte, sind geheim und werden es wohl auch noch eine Weile bleiben. Zur Ausrüstung zählen Sensoren, die vor der Erfassung durch Radar und Laser sowie vor anfliegenden Raketen warnen, ferner ein infrarotbasiertes Abwehrsystem und Täuschkörperwerfer. Ab 2012 wurden Verbesserungen im Avionikbereich realisiert sowie ein Glascockpit eingebaut. HMX-1 versucht mit ihren VH-60N stets eine Verfügbarkeitsrate von 100% zu erreichen, wozu strenge Kontrollen bei der Wartung und ein schneller Austausch von Bauteilen bei geringsten Mängeln nur förderlich sind. Nach spätestens 1500 Flugstunden werden sämtliche »Innereien« des Hubschraubers ausgebaut, überholt und bei Bedarf repariert oder ersetzt. Bei der US-Küstenwache war 1991 Dienstbeginn für eine weitere Variante unter der Bezeichnung HH-60J Jayhawk. Mindestens 45 Exemplare, z.T. Umbaumaschinen früherer Modelle, wurden für Search-and-Rescue-Einsätze, Überwachungs-, Unterstützungs- und andere Aufgaben wie die Bekämpfung von Drogenschmuggel beschafft. Für das zuletzt genannte Betätigungsfeld wurde die HH-60J mit einer Kevlar-Panzerung, einem 7,62-mm- sowie einem 12,7-mm-MG versehen und 2005 in MH-60J umbenannt. Die meisten dieser Maschinen erhielten ab 2007 weitere Aufwertungen wie ein überarbeitetes Cockpit inklusive Mission Management System von Rockwell Collins und hießen dann MH-60T. Zur Ausrüstung zählte anfangs ein Bendix-Wetterradar RDR-1300, möglich ist bis heute die Mitnahme von drei 454-l-Außentanks. Mit ihnen ist ein Einsatzradius von 550 km gewährleistet, in der Luft lässt sich die MH-60T nicht auftanken. Die meisten der Hubschrauber sind auf die Coast Guard Air Stations Cape Cod in Massachusetts, Elizabeth City in North Carolina, Clearwater in Florida, San Diego in Kalifornien, Astoria in Oregon sowie Kodiak und Sitka in Alaska aufgeteilt. Ein Dienstende für die MH-60T ist nicht vor dem Jahr 2027 vorgesehen, auch die zuvor beschriebenen Varianten werden für weitere Jahre nützliche Einsatzmuster bei den amerikanischen Marinefliegern sein.

Einsatzstaffeln (Auswahl):
HC-3, 5, 6, 8, 11
HCS-4, 5
HMX-1
HS-2, 3, 4, 5, 6, 7, 8, 10, 11, 14, 15, 75
HSC-2, 3, 4, 5, 6, 7, 8, 9, 11, 12, 14, 21, 22, 23, 25, 26, 28
HSL-37, 40, 41, 42, 43, 44, 45, 46, 47, 48, 49, 51, 60
HSM-35, 37, 40, 41, 46, 48, 49, 51, 60, 71, 72, 73, 74, 75, 77, 78, 79
HX-21

Hier fungiert eine MH-60S als Plane Guard. Bei dem Träger handelt es sich um die USS John C. Stennis *(CVN-74), von der gerade eine F/A-18 Super Hornet gestartet ist. (Foto: US Navy)*

Als Mehrzweckhubschrauber übernimmt die MH-60S Knighthawk auch den Gütertransport von Schiff zu Schiff. Diesmal werden Paletten mit Munition befördert. (Foto: US Navy)

Die MH-60T ist die aktuell meist genutzte Variante im Dienst der Küstenwache. Der abgebildete Hubschrauber operiert von der Coast Air Station Miami aus und trägt große Zusatztanks. Damit kann eine Flugdauer von bis zu sieben Stunden erreicht werden. (Foto: USCG)

Ab 2007 wurden zuvor verwendete Exemplare zu MH-60T modernisiert, diese zur Küstenwache Oregons gehörende Maschine zeigt einen Rettungseinsatz mit Seilwinde. Die auffällig gelbe Lackierung war vor allem in den 1950er-Jahren bei den Hubschraubern der Küstenwache üblich. (Foto: USCG)

Seit 2002 steht die MH-60S im Dienst der US Navy, dieses Exemplar gehört zur Staffel HC-5. Die Knighthawk ist sehr vielseitig einsetzbar und üblicherweise gehören acht dieser Hubschrauber zu einem Flugzeugträgergeschwader. (Foto: US Navy)

Aerospatiale / American Eurocopter H-65 Dolphin

Im Jahr 1977 initiierte die US-Küstenwache den Wettbewerb um einen neuen Einsatzhubschrauber, der gemäß dem Short Range Recovery-Programm (SRR) in erster Linie die Bergung von in Notsituationen befindlichen Menschen im nahen Küstenbereich sowie von Einsatzschiffen aus bis hin zum Eisbrecher realisieren sollte. Neben Search-and Rescue-Flügen waren weitere Aufgaben im Heimat- und Umweltschutz, der Patrouille von Schifffahrtswegen, in der Eisaufklärung und letztlich auch bei der Unterbindung von Drogenschmuggel angesiedelt. Im Juni 1979 verkündete man auf der Paris Air Show in Le Bourget die Auswahl der SA 365N des französischen Herstellers Aerospatiale als künftiges Einsatzmuster. Das europäische Unternehmen, das später Teil von Eurocopter wurde, konnte damit die einheimischen Bewerber Bell und Sikorsky auf die nachfolgenden Plätze verweisen und einen Großauftrag verbuchen. Der mündete in der Herstellung von insgesamt 102 Exemplaren des neuen Hubschraubers.

Typ	MH-65C DOLPHIN
Verwendung	Rettungs-, Überwachungs- und Spezialhubschrauber
Besatzung	4
Triebwerk	zwei Turboméca Arriel 2C2-CG mit je 636 kW
Hauptrotorkreisdurchmesser	11,94 m
Hauptrotorkreisfläche	119,90 m²
Rumpflänge	11,60 m
Höhe	4,09 m
Leermasse	2858 kg
Startmasse	max. 4294 kg
Höchstgeschwindigkeit	296 km/h
Steiggeschwindigkeit	7,7 m/s
Dienstgipfelhöhe	3658 m
Reichweite	698 km
Bewaffnung	ein 7,62-mm- und ein 12,7-mm-MG

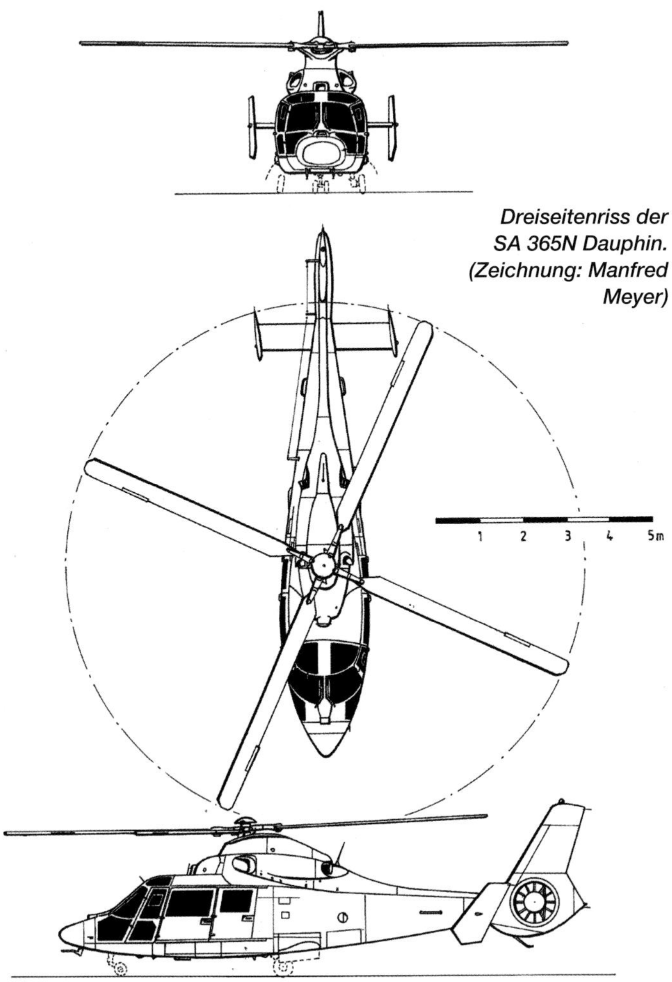

Dreiseitenriss der SA 365N Dauphin. (Zeichnung: Manfred Meyer)

Die zweimotorige SA 365 Dauphin II hatte ihren Erstflug im Januar 1975 durchgeführt und beeindruckte seit Beginn der Flugerprobung mit beachtlichen Flugleistungen. Eindruck hinterließ auch das praktische Gesamtdesign des Hubschraubers einschließlich eines sogenannten Fenestron-Heckrotors. Dabei handelt es sich um eine Art Mantelpropeller, der weniger Lärm und Vibrationen als andere Heckrotoren verursacht. Für die auf die Küstenwache zugeschnittene Version SA 366G1 wurde die Anzahl der Blätter des Fenestron von 13 auf elf verringert sowie sein Gesamtdurchmesser leicht vergrößert. Die vier Blätter des Hauptrotors sind an den Vorderkanten aus rostfreiem Stahl und ansonsten aus Verbundwerkstoffen gefertigt, mittels der vorhandenen Rotorbremse können diese bei Bedarf schnell zum Stillstand gebracht werden. Am Hubschrauber wurden auch an anderen Baugruppen Verbundwerkstoffe verwendet, etwa im Heckbereich. Hier gibt es zudem zwei Höhenflossen mit gepfeilten Endplatten, welche dem Drehmoment des Hauptrotors entgegenwirken. Das Einziehfahrwerk ist am Bugrad doppelt und den beiden Hauptstreben je einfach bereift, oberhalb der Kabine sind zwei Wellenturbinen installiert. Gemäß dem Kaufvertrag stammen über 60% der Baugruppen aus US-amerikanischer Produktion, so auch die zunächst verwendeten Textron Lycoming-Turbinen

Im Juni 1979 wurde der Kauf der Aerospatiale SA 365N für den künftigen Einsatz als Rettungshubschrauber für kürzere Distanzen verkündet. Die Montage der rund 100 Exemplare erfolgte in den USA, der Dienst bei der Küstenwache begann im November 1984 als HH-65. (Foto: USCG)

LTS101-750A-1 mit je 507 kW Leistung. Die Avionik inklusive der Navigations- und Kommunikationsausrüstung stellt Rockwell Collins bereit, im Rumpfbug kommt ein Radar für Allwettereinsätze zum Einsatz. Alle Hydrauliksysteme sind zweifach vorhanden, auf der Steuerbordseite befindet sich eine Rettungswinde mit 270 kg Tragfähigkeit.

Die SA 366G1 vollführte ihren Erstflug am 23. Juli 1980 in Frankreich und unternahm weiterführende Testreihen später auch in den Vereinigten Staaten in Grand Prairie, Texas. Hier erfolgte bei der American Eurocopter Corporation auch der Zusammenbau der in Frankreich hergestellten Zellen sowie die Montage der Einsatzausrüstung. Noch 1981 lieferte das Werk in Grand Prairie ein erstes Serienmodell, der Dienstbeginn des nunmehr als HH-65A Dolphin bezeichneten Typs beläuft sich offiziell auf den November 1984. Die ersten sechs Dolphin gingen an das Coast Guard Trainingscenter in Mobile, Alabama, um künftige Besatzungen zu schulen. Die Crew an Bord der HH-65 besteht meist aus vier Personen, neben Pilot, Kopilot und Bordmechaniker aus einem Rettungsschwimmer. Die anfängliche Einsatzbereitschaft des Hubschraubers wurde schließlich 1985 auf der Coast Guard Air Station New Orleans, Louisina vermeldet.

Die Dolphin verfügte über ein gutes Handling und hervorragende Flugeigenschaften, doch von Anfang an erfüllten die Triebwerke nicht die Erwartungen in Zuverlässigkeit und Leistung. So erfolgte ab 1987 der Ersatz durch zwei LTS101-750B-2 mit je 547 kW. Trotz einiger Nachbesserungen erfüllten auch diese Triebwerke nicht die Anforderungen. Allerdings sollte es bis zum Jahr 2004 dauern, als sich die Küstenwache für die Neuausrüstung mit den ursprünglichen französischen Turboméca-Turbinen Arriel und jeweils 636 kW Leistung entschied. Mittlerweile hatten Upgrades mit digitalen Kontroll- und Multifunktionsdisplays statt Analoganzeigen oder der Ersatz des Missionscomputers durch ein Flight Management System zur Variante HH-65B geführt und Umrüstungen an den vorhandenen Maschinen nach sich gezogen. Andererseits führte der Einbau der französischen Triebwerke zur Umrüstvariante HH-65C, die im April 2005 zuerst an die CGAS Atlantic City, New Jersey übergeben wurde. Bis 2007 waren sämtliche Maschinen auf ihren insgesamt 16 Heimatstandorten mit dem neuen Antrieb ausgestattet, im selben Jahr wurden mit dem Hubschrauber eine Million Flugstunden erreicht. Die nächsten Modifikationen ließen nicht lange auf sich warten. Speziell zur Unterbindung des Drogenschmuggels mittels Schnellbooten erhielten die Hubschrauber ein Spezialequipment, das u.a. eine Sensorkuppel für Infrarot- und elektro-optische Erkennung unter dem Bug, Satellitenkommunikation, Head-up-Display sowie Bewaffnung in Form eines 7,62-mm- und eines 12,7-mm-MGs beinhaltete.

Neben reellen Rettungseinsätzen sind stete Übungen an der Tagesordnung. Hier lässt eine Dolphin gerade einen Rettungskorb zu einem Boot, um eine Evakuierung zu simulieren. (Foto: US DoD)

Die für solche Einsätze geformte Einheit HITRON in Jacksonville, Florida nahm im Oktober 2007 ihre erste, nun MH-65C genannte Maschine in Empfang, im Januar 2008 folgte die erste Einsatzfahrt an Bord des Kutters USCGC *Dallas* und zugleich die Ablösung der MH-68 Stingray. Auf den kleineren Schiffen der US-Küstenwache sind 30 bis 90 Tage währende Einsatzfahrten mit einer Dolphin an Bord normal, meist führen sie in die Beringsee oder den Golf von Alaska. Während die Umrüstung der im Einsatz befindlichen Hubschrauber auf den MH-65C-Standard auch für die anderen Coast Guard-Standorte lief, flog bereits im Februar 2009 eine weitere Variante als MH-65D erstmalig. Hier gibt es Aufwertungen im Navigationssystem, wozu z.B. GPS und INS sowie ein Radarhöhenmesser zählen. Für die MH-65D begann der reguläre Dienst 2011, zuerst auf der CGAS Atlantic City. Für alle noch im Dienst stehenden Exemplare ist der MH-65D-Standard bestimmt, im Oktober 2015 flog zudem die im Cockpitbereich überarbeitete MH-65E erstmalig. Bei der Küstenwache ist ein Einsatzende der Dolphin nicht vor dem Jahr 2027 vorgesehen.

Einsatzstaffeln:
HITRON

Die HH-65, mittlerweile MH-65, ist ein sehr agiler Hubschrauber mit gutem Handling, doch waren einige Modifikationen sowie stärkere Triebwerke zur Erlangung der vollen Leistungsfähigkeit nötig. Gut erkennbar im Bild ist der Fenestron-Heckrotor. (Foto: USCG)

Sikorsky S-92 / H-92 Helibus / Superhawk

Typ	VH-92A SUPERHAWK
Verwendung	Transporthubschrauber
Besatzung	2–3
Triebwerk	zwei General Electric CT7-8A6 mit je 1897 kW
Hauptrotorkreisdurch-messer	17,17 m
Hauptrotorkreisfläche	231,54 m²
Rumpflänge	17,10 m
Höhe	5,47 m
Leermasse	7200 kg
Startmasse	max. 12.800 kg
Höchstgeschwindigkeit	305 km/h
Steiggeschwindigkeit	8 m/s
Dienstgipfelhöhe	4572 m
Reichweite	1000 km

Zum Ausklang des 20. Jahrhunderts wurden Überlegungen zu einem neuen Hubschrauber angestellt, der innerhalb der Marines-Staffel HMX-1 den US-Präsidenten und seine engsten Mitarbeiter oder auch seine Familie sicher transportieren und ältere Einsatzmuster ablösen sollte. Die Forderungen nach mehr Sicherheit und besten Kommunikationsmöglichkeiten verschärften sich mit den Ereignissen des 11. September 2001 und flossen in das sogenannte Presidential Helicopter Replacement Program, mitunter auch kurz VXX genannt, ein. Innerhalb von HMX-1 sollten vor allem die betagten VH-3, aber auch die neueren VH-60 ersetzt werden. Das US-Verteidigungsministerium eröffnete im Dezember 2003 den Wettbewerb um den neuen Präsidentenhubschrauber, den zunächst ein Außenseiter gewann. Im Januar 2005 wurde nämlich Agusta Westland in Kooperation mit Lockheed Martin zum Sieger bestimmt und eine Stückzahl von 23 zu produzierenden Hubschraubern in Aussicht gestellt. Der Hubschrauber war eine überarbeitete und »amerikanisierte« AW101 und sollte künftig unter der Dienstbezeichnung VH-71 Kestrel für HMX-1 fliegen. Ein erstes Exemplar erhob sich im Juli 2007 zum Erstflug, bis April 2009 waren auch die restlichen acht gebauten VH-71 in der Luft. Doch schon zwei Monate später, am 1. Juni 2009 cancelte die US-Regierung den Auftrag wegen der Verdoppelung der Kosten. Bis dahin wurden bereits weit über vier Milliarden US-Dollar verbraucht. Kanada nahm die bereits produzierten Maschinen für wesentlich weniger Geld ab und nutzt sie wohl vorwiegend als Ersatzteilspender für seine im Search-and-Rescue-Bereich tätigen AW101 (CH-149).

Im Februar 2010 sowie nochmals zum Jahresende 2012 waren neue Angebotsanfragen seitens des Naval Air System Command gestellt worden, letztens mit leicht modifizierten Parametern für den zu bauenden Hubschrauber. Während anfangs auch Bell und Boeing in diesem Wettbewerb mitmischen wollten, bot schlussendlich nur noch Sikorsky mit einer überarbeiteten Version der S-92 Helibus mit. Mit dieser gewann das Unternehmen im Mai 2014 die zweite Runde der Ausschreibung um einen neuen Präsidentenhubschrauber und bekam einen ersten Vertrag über 1,24 Milliarden US-Dollar. Die Erstbestellung schloss sechs Entwicklungs- und Testmaschinen als VH-92 ein.

Das Ausgangsmuster S-92 flog am 23. Dezember 1998 zum ersten Mal und wurde nachfolgend in gut 300 Exemplaren hergestellt, die hauptsächlich im zivilen Sektor als mittlere Transport- und Passagierhubschrauber verwendet werden. Das kompakte Design übernahm bewährte Systemkomponenten oder -lösungen von Vorgängermodellen wie der CH-53 und MH-60, erhielt natürlich auch völlig neue Baugruppen. Der Hauptrotor hat vier vollständig aus Verbundwerkstoffen hergestellte Blätter und gepfeilte Spitzen ähnlich der MH-60, der ebenfalls vierblättrige Heckrotor ist gegen Vogelschlag resistent. Auf der gegenüberliegenden Seite befindet sich eine abgestrebte Stabilisierungsflosse, das dreiteilige, je doppelt bereifte Fahrwerk ist einziehbar konzipiert. Die modulare Bauweise des Hubschraubers beinhaltet Leichtmetallstrukturen aus Aluminium sowie über 40% Verbundwerkstoffanteile. In der militärischen Nutzung finden in der Kabine 22 voll ausgerüstete Soldaten auf crashfesten Sitzen oder 16 Verwundete auf Tragen oder eine Fracht von 4421 kg Gewicht Platz. Dank Laufrollen im Kabinenboden sowie einem an der Decke befindlichen Laufwindensystem mit 1814 kp Zugkraft lassen sich Be- und Entladung erleichtern. Außenbord können Lasten bis zu 4536 kg an einem Haken transportiert werden. Spezialequipment kann zudem Überwachungs- und Aufklärungsmissionen oder die Bekämpfung von Über- und Unterwasserschiffen ermöglichen, so wie es die kanadische Ausführung CH-148 Cyclone praktiziert. Derartige Systeme finden in den VIP-Hubschraubern von HMX-1 natürlich keine Anwendung, stattdessen setzt man hier auf einen erhöhten Sicherheitsstandard und mehr oder weniger sind alle verwendeten Baugruppen danach ausgerichtet. So gehören modernste Kommunikations- und Kontrollsysteme sowie verbesserte Avionikbauteile zur Ausstattung, die gegen elektromagnetische Impulse und Störungen geschützt sind. Zur Abwehr gelenkter Raketen gibt es ein AN/AAQ-24-System auf Infrarotbasis, die Zelle insge-

Gegenwärtig zählt die Sikorsky S-92 zu den modernsten mittelschweren Hubschraubern. In der VIP-Transportausführung VH-92A, hier im Bild, fand der Erstflug im Juli 2017 statt und in den kommenden Jahren soll die Staffel HMX-1 bis zu 23 Stück erhalten, um den US-Präsidenten und andere Persönlichkeiten zu befördern. (Foto: USMC)

samt verfügt über beschusssichere Strukturen, die Crew über Nachtsichtgläser oder im Cockpit über fünf Mehrzweckbildschirme und Head-up-Display.

Der Erstflug eines VIP-Hubschraubers vom Typ VH-92A fand am 28. Juli 2017 auf dem Gelände des Sikorsky-Herstellerwerkes in Stratford, Connecticut statt. Die meisten der nachfolgenden 250 Stunden der Flugerprobung wurden hauptsächlich bei Lockheed Martin in Owego, New York, sowie 150 Stunden im Naval Air Test Center Patuxent River, Maryland, durchgeführt. Die sechs Entwicklungs- und Testmaschinen sollen nach der Erprobung in den vollen operationellen Einsatzstatus überführt werden, der für das Jahr 2022 anvisiert ist. Im Folgejahr sollen dann alle 23 VH-92A ausgeliefert sein.

Einsatzstaffel
HMX-1

American Eurocopter / Airbus H-72 Lakota

Die Lakota hat eine lange Ahnenreihe. Die beginnt eigentlich mit dem Mehrzweckhubschrauber BK-117, einem deutsch-japanischen Joint Venture der ausklingenden 1970er-Jahre. Die fortschrittliche BK-117 verkaufte sich ab der nachfolgenden Dekade mehr als 500 Mal, hauptsächlich auf dem zivilen Markt und führte im Laufe der Jahre einige Modifikationen ein. Das betraf in erster Linie den Antrieb, die Bordausrüstung oder ein vergrößertes Platzangebot in der Kabine. Als der deutsche Hersteller DASA, vormals MBB (Messerschmitt-Bölkow-Blohm) 1992 mit der französischen Aerospatiale zum Konsortium Eurocopter wurde, fand die Produktion als EC 145 ihre Fortführung. Inzwischen bietet der Hersteller als Airbus Helicopters weiterentwickelte Modelle als H 145 an und konnte damit auch auf dem US-amerikanischen Markt der militärisch genutzten Hubschrauber Fuß fassen.

Unter der Werksbezeichnung UH-145M gewann Airbus Helicopters im Jahr 2003 eine Ausschreibung der US Army nach einem Mehrzweckmuster, das Sanitäts- und Rettungsflüge oder auch Trainings- und Unterstützungsaufgaben übernehmen sollte. American Eurocopter als Tochterunternehmen der

Typ	H-72A LAKOTA
Verwendung	Trainingshubschrauber
Besatzung	1+1
Triebwerk	zwei Turboméca Arriel 1E2 mit je 551 kW
Hauptrotorkreisdurchmesser	11,00 m
Hauptrotorkreisfläche	95,03 m²
Rumpflänge	10,16 m
Höhe	3,96 m
Leermasse	1792 kg
Startmasse	max. 3585 kg
Höchstgeschwindigkeit	269 km/h
Steiggeschwindigkeit	8,1 m/s
Dienstgipfelhöhe	5240 m
Reichweite	685 km

Während die Lakota in großen Stückzahlen bei der US Army verwendet wird, beschaffte die US-Marine nur fünf Exemplare und übergab sie der Naval Test Pilot School in Patuxent River. Dort dient sie als H-72A dem Fortgeschrittenentraining. (Foto: US Navy)

Die H-72A stammt von der europäischen EC 145 ab, verschiedene Systemkomponenten wurden durch amerikanische Baugruppen ersetzt. Eines der wenigen Exemplare ist hier während der »Legends in Flight Air & Space Expo 2019« auf der Andrews AFB, Maryland zu sehen. (Foto: Anton van Ruiten)

EADS North America wurde als lokaler Hersteller mit Produktionsstandort Columbus, Mississippi ausgewählt. Dabei wurden die ersten Exemplare noch in Deutschland hergestellt und in den Vereinigten Staaten komplettiert, ab 2007 lieferte schließlich die amerikanische Produktionslinie weit über 400 UH-72 Lakota aus.

Die Lakota basiert auf der am 12. Juni 1999 erstmals geflogenen EC 145 mit vierblättrigem Haupt- und zweiblättrigen Heckrotor sowie dem aus zwei Arriel-Turbinen bestehenden Antrieb. Die Turbinen und ein überarbeitetes Getriebe befinden sich oberhalb der Kabine, die normal acht Passagieren oder zwei Verletzten auf Tragen plus Sanitäter Platz bietet. Statt einem Fahrwerk werden wie schon bei den Vorläufern zwei starre und gleichfalls robuste Kufen verwendet. Charakteristisch sind Stabilisierungsflossen mit Endscheiben am Heckausleger oder auch die großzügige Verglasung der Kabine, die gerade im Frontbereich eine ausgezeichnete Sicht bietet. Der amerikanische Hersteller fügte auch einige Modifikationen hinzu, so z.B. Filter an den Triebwerkseinlässen oder Änderungen an der Kommunikationsausrüstung.

Während die US Army praktisch zum Großabnehmer der Lakota wurde, bestellte die US Navy im September 2008 für 21,7 Millionen US-Dollar lediglich fünf Exemplare. Das erste davon wurde am 12. November 2009 und wie die folgenden vier Maschinen der US Naval Test Pilot School in Patuxent River, Maryland, übergeben. Unter der Bezeichnung H-72A ersetzten diese Hubschrauber die zuvor genutzten TH-6B Cayuse. Hier trainieren die Piloten sowohl auf Flächen- als auch Rotorflugzeugen, um sich zusätzliche Fertigkeiten anzueignen und das entsprechende Fluggerät in Notsituationen besser zu beherrschen. Die H-72A der US Navy erhielten werksseitig faltbare Blätter für den Hauptrotor sowie abwerfbare Türen, hinzu kamen die Ausstattung mit Flugschreiber und einem Flugverkehrshinweissystem. Dieses Traffic Advisory System fragt die Transponder sich in der Umgebung befindlicher Fluggeräte ab, erarbeitet sich ein Lagebild und gibt entsprechende Verkehrshinweise, um mögliche Kollisionen zu vermeiden. Als recht nützlich stellt sich zudem die Innenarchitektur der H-72A dar, die sich durch ein modernes Glascockpit mit digitalen Anzeigen auszeichnet.

Dreiseitenriss der EC 145.
(Zeichnung: Manfred Meyer)

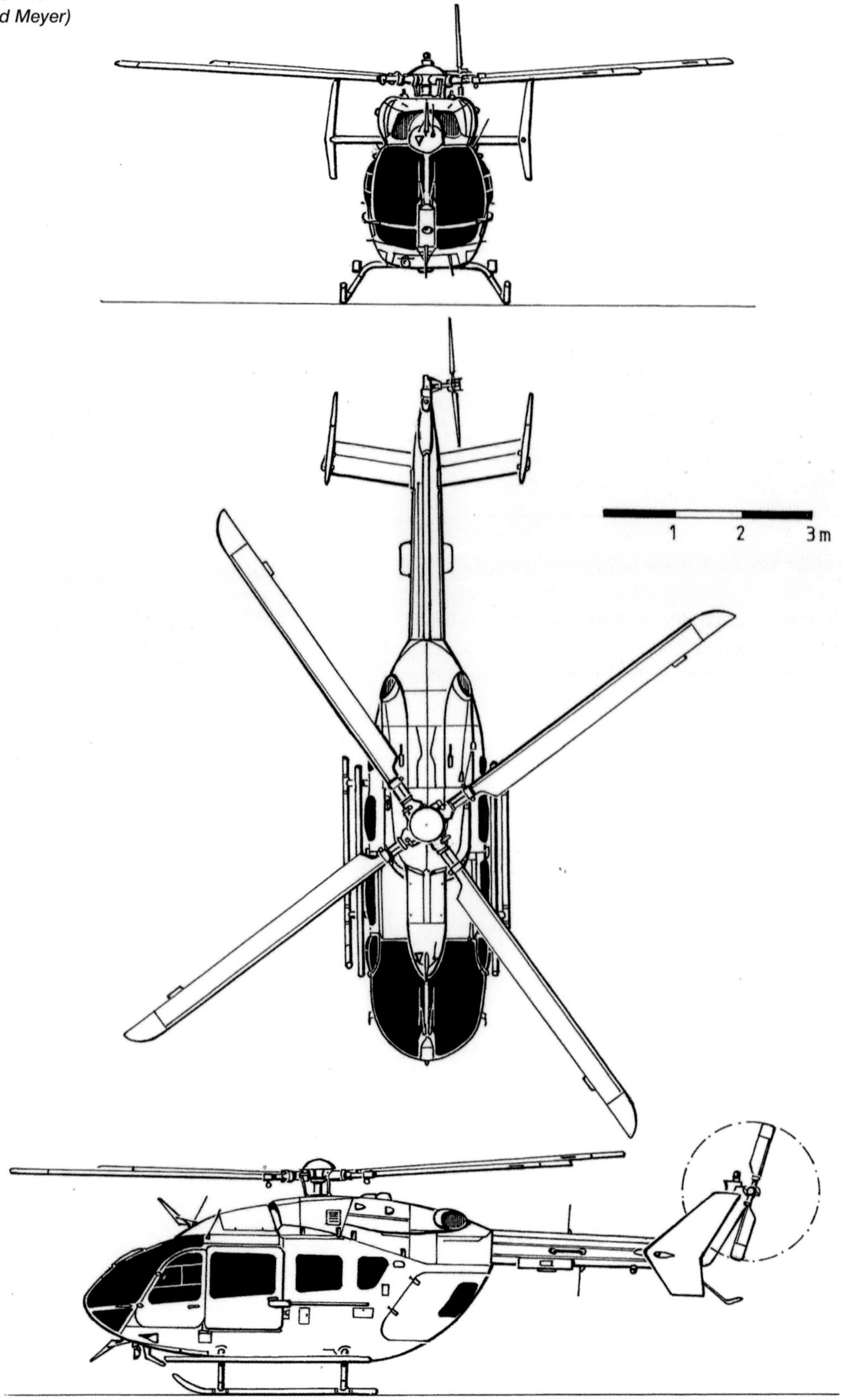

Northrop Grumman MQ-8 Fire Scout

Die Einführung automatisierter Systeme, sprich ferngesteuerter und autonom operierender Drohnen hat längst auch schon bei den Hubschraubern der amerikanischen Marineflieger begonnen. Bisher in überschaubarer Stückzahl im Einsatz, wird sich deren Bestand in den kommenden Jahrzehnten mit Sicherheit stark erhöhen und es zu einer Ausweitung der Verwendungsmöglichkeiten kommen.

Nach den allenfalls mäßig erfolgreichen unbemannten U-Boot-Abwehr-Hubschraubern der QH-50-Serie aus den 1960er-Jahren dauerte es mehrere Jahrzehnte, bis die US-Marinestreitkräfte zu Beginn des 21. Jahrhunderts einer neuen Hubschrauberdrohne die Chance zum operationellen Einsatz boten. Es begann mit der RQ-8 Fire Scout, die von Northrop Grumman zur Jahrtausendwende innerhalb des Vertical Take-off and Landing Unmanned Aerial Vehicle (VTUAV)-Programms offeriert wurde und schiffsgestützt vor allem Aufklärungszwecken sowie der Zielzuweisung dienen und dabei zuvor verwendete Drohnen mit starrem Tragwerk ersetzen sollte. Nach dem Erstflug am 12. Januar 2000 vergab die US Navy im nächsten Monat den Auftrag für zwei weitere fliegende RQ-8A als Engineering and Manufacturing Development-Modelle. Nach den beiden Entwicklungsmaschinen folgte im Mai 2001 die Bestellung von Vorserienexemplaren, von denen ein erstes ein Jahr später am 19. Mai erstmals in der Luft war.

Typ	**MQ-8C FIRE SCOUT**
Verwendung	Aufklärungs-und Zielzuweisungshubschrauber
Besatzung	keine
Triebwerk	ein Rolls-Royce (Allison) 250-C47B mit 606 kW
Hauptrotorkreisdurchmesser	11,16 m
Hauptrotorkreisfläche	97,82 m^2
Rumpflänge	10,58 m
Höhe	3,20 m
Leermasse	1451 kg
Startmasse	max. 2721 kg
Höchstgeschwindigkeit	250 km/h
Steiggeschwindigkeit	k.A.
Dienstgipfelhöhe	4880 m
Reichweite	500 km
Bewaffnung	geplant MG, ungelenkte und gelenkte Raketen an zwei Aufhängepunkten

Nach den QH-50 in den 1960er-Jahren war die MQ-8B Fire Scout nach vielen Jahren wieder eine einsatzfähige Drohne im Dienst der US Navy und übernahm u.a. die Zielzuweisung für Raketen, die von Zerstörern oder Hubschraubern verschossen wurden. (Foto: US Navy)

Auf der USS Fort Worth (LCS-3) werden die Systeme einer MQ-8B vor einem Einsatz gecheckt, sie ist dabei Teil einer Übung der 7. US-Flotte im Oktober 2014. (Foto: US Navy)

Die RQ-8A basierte auf der Zelle des leichten Hubschraubers Schweizer S 333 und verfügte über einen faltbaren, dreiblättrigen Haupt- sowie zweiblättrigen Heckrotor. Den Antrieb leistete eine Allison 250-Turbine mit 310 kW Leistung und ermöglichte eine Höchstgeschwindigkeit von 230 km/h sowie eine Flugdauer von 5 Stunden. Die maximal 1200 kg Startmasse bezogen neben Kraftstoff auch verschiedene Aufklärungs- und Zielgeräte im elektro-optischen sowie Infrarot- und Laserbereich ein, dazu ein GPS-basiertes Navigationssystem plus Kontroll- und Steuerungslink. Mit diesem erfolgte in einer Entfernung zwischen 200 und 300 km die Führung durch Schiffe oder Bodenstationen. So gehörte neben dem Hubschrauber selbst eine containerartige S-280-Station zur Führung des RQ-8A sowie zum Empfang der in Echtzeit übertragenen Aufklärungs- und Zieldaten zum Einsatzsystem. Drohne und Containerstation konnten zusammen in einem Transportflugzeug wie der C-17 zu einem Einsatzort weitab der USA befördert und nachfolgend von Land oder See aus eingesetzt werden. Die Testreihen auf Schiffen wurden Ende 2002, zuerst auf der *USS Denver* (LPD-9), aufgenommen, aber schon bald das (vorläufige) Ende des Programms vermeldet. In Wirklichkeit wurde die Entwicklung mit der RQ-8B fortgeführt, die ihrerseits im Juni 2005 in MQ-8B umbenannt wurde. So sollte eine Mehrzweckfähigkeit unterstrichen werden, die neue Systeme und Leistungsparameter einbezogen. Die Startmasse stieg auf bis zu 1430 kg, die Flugdauer auf beinah das Doppelte des Vorgängers an. Der Hauptrotor war nun vierblättrig ausgelegt, der Turmaufbau inklusive Rotormast war vergrößert worden. Andere Baugruppen blieben im Wesentlichen unverändert. So endete das sich stark verjüngende Heck wieder an einem Stabilisierungsausleger mit einem kleinen T-Leitwerk, auf der Backbordseite befand sich noch immer ein zweiblättriger Heckrotor und unter dem Rumpf gab es zwei robuste Kufen statt einem Fahrwerk mit Rädern. Die Sensortechnik an Bord wurde ausgeweitet und z.B. als Multisensorzielsystem Brite Star eingebaut, wichtige Geräte davon nahm die bewegliche Kuppel unter dem Bug auf. Gegenüber der RQ-8A stieg die Masse der Geräte auf das fünffache an, außerdem konnten seitliche Ausleger Waffen aufnehmen.

Die MQ-8B startete am 18. Dezember 2006 in die Flugerprobung, Mitte des darauf folgenden Jahres wurde die Fertigung des Hubschraubers eingeleitet. VX-30 im kalifornischen Point Mugu übernahm die Einsatzerprobung, weitere Tests fanden in Webster Field, Maryland statt und ab Oktober 2009 folgten Stationierungen auf Küstenschiffen und Lenkwaffenfregatten der US-Marine. Bis 2011 wurden mindestens 30 Exemplare geliefert und eine anfängliche Einsatzbereitschaft im März 2014 erreicht. Im Jahr 2017 wurde während des Einsatzes auf der *USS Coronado* (LCS-4) erstmals das AN/ZPY(V)-1-Suchradar von Telephonics installiert, das bis zu 150 Ziele erfassen kann und damit die Erfassungsreichweite des für die küstennahe Gefechtsführung ausgelegten Schiffes ausweitet. Auch wurde die Zielzuweisung für Harpoon-Raketen der *Coronado* sowie für Hellfire-Raketen, die von MH-60S-Hubschraubern verschossen wurden, geprobt. Zwischenzeitlich hatte man sich allerdings gegen die Beschaffung weiterer MQ-8B-Drohnen entschieden, da Northrop zusammen mit Bell einen neuen, leitungsfähigeren Typ entwickelte. Unter dem vorläufigen Projektnamen Fire-X erfolgte die Entwicklung seit 2010, die sich erheblich von seinen Vorgängern unterschied. Jetzt diente die Zelle einer Bell 407 als Ausgangsbasis, die in dieser Konfiguration am 31. Oktober 2013 ihren Erstflug absolvierte. Der Rumpf bot mehr Platz für Ausrüstung und Kraftstoff, sodass Einsätze von bis zu zwölf Stunden möglich wurden. Im Dezember 2014 wurden Tests an Bord des Lenkwaffenzerstörers *USS James Dunham* (DDG-109) aufgenommen und später auf anderen Schiffen sowie von Landbasen aus fortgesetzt. Im Oktober 2016 fiel die Wahl auf das Leonardo-Radar AN/ZPY-8A/N, das nach dem AESA-Prinzip der aktiven elektronischen Strahlschwenkung vieler einzelner Module arbeitet und mindestens über einen 240-Grad-Sichtbereich für Zielerfassung, Geländedarstellung und Wetteraufklärung verfügt. Sicher wird künftig auch der Einsatz von Waffen für offensive Angriffe oder zur Minenabwehr ermöglicht und es zu Weiterentwicklungen der Systemkomponenten kommen. Aktuell sind 40 Drohnen unter der Bezeichnung MQ-8C für die US Navy fest eingeplant, deren Anzahl sich aber durchaus bei einem veranschlagten Bedarf von etwa 100 Exemplaren erhöhen kann. Im Juni 2019 gab die US-Marine eine anfängliche Einsatzbereitschaft für die MQ-8C bekannt, die Stationierung auf Schiffen ist ab 2021 vorgesehen.

Einsatzstaffeln (Auswahl):
HSM-35
UX-24
VX-1, 30

Obwohl ein völlig neuer Typ, trägt auch die MQ-8C die Zusatzbezeichnung Fire Scout. Der voluminösere Rumpf auf Basis der Bell 407 versprach mehr Platz für Kraftstoff und Ausrüstung und letztlich einen effizienteren Einsatz. Derzeit ist der Kauf von 40 MQ-8C fest eingeplant, der Bedarf wird von den US-Marinefliegern aber wesentlich höher eingeschätzt. (Foto: US Navy)

Kein Hubschrauber – Sonderfall Osprey als Kipprotorflugzeug

Vor Jahren absolute Exoten, versehen die Ospreys des US Marine Corps inzwischen vielseitige, auch in Krisengebieten anfallende Aufgaben. Noch immer beeindrucken diese Maschinen mit ihrem äußeren Erscheinungsbild, den raffinierten technischen Lösungen und ihren Leistungsparametern. Dabei ist die Osprey gar nicht mehr so jung. Schon 1981 forderte das US-Verteidigungsministerium unter dem Programmnamen Joint Services Vertical Start and Landing Experimental Aircraft (JVX) ein neues Fluggerät, das in hohem Tempo Truppen und Gerät mit Senkrechtstart und -landeeigenschaften absetzen oder ausfliegen konnte. Bis heute heißt es, dass vor allem die Operation »Eagle Claw« einen entscheidenden Anstoß für den Programmstart lieferte.

Im November 1979 hatten iranische Studenten die US-Botschaft in Teheran besetzt und 66 amerikanische Geiseln genommen. Auf diplomatischer Ebene geführte Verhandlungen zu deren Freilassung verliefen ergebnislos und machten einer bereits frühzeitig in Betracht gezogenen Kommandoaktion durch das Militär Platz. Politisch umsichtig, bezog man alle vier US-Teilstreitkräfte in die geplante Operation ein, was letztlich aber weniger gut funktionierte und zuzüglich technischen Pannen, nicht einkalkulierten Zwischenfällen sowie schlechtem Wetter zum Scheitern der Kommandoaktion führte. Für die im April 1980 durchgeführte Operation »Eagle Claw« hatte man die Sikorsky RH-53D als den am besten geeigneten Hubschrauber angesehen, verfügte er doch über ein ausreichendes Platz- und Kraftstoffvolumen. Es kamen Zusatztanks sowie Zusatzgeräte zur Navigation hinzu, die Minenräumsysteme wurden ausgebaut. Doch der technische Zustand der RH-53 ließ zu wünschen übrig, das Wartungspersonal auf dem Flugzeugträger *USS Nimitz* war mit den Besonderheiten des Hubschraubers nicht vertraut. Auch an anderer Stelle fehlte es an Sachkenntnis und einem routinierten Zusammengehen der Teilstreitkräfte, einer der Hubschrauber stieß mit einem am Boden wartenden Hercules-Tankflugzeug zusammen, andere wurden beschädigt, die Operation mit Toten und Verletzten scheiterte schlussendlich. Nach den Auswertungen forderte das Verteidigungsministerium mit der JVX-Ausschreibung ein wesentlich flexibleres und schnelleres Einsatzmuster, das zugleich streitkräfteübergreifend verwendet werden sollte. Aus mehreren Vorschlägen ging schließlich im Frühjahr 1983 das Team Bell-Boeing als Gewinner hervor. Ganz klar von Vorteil waren hierbei die bereits seit Jahrzehnten laufenden Forschungen mit konzeptähnlichen und zum Schluss mit Tiltrotoren ausgerüsteten Versuchsmustern.

Typ	**V-22 OSPREY**
Verwendung	Transport-Kipprotorflugzeug
Besatzung	2–4
Triebwerk	zwei Rolls-Royce (Allison) AE1107E mit je 4586 kW
Rotorkreisdurchmesser	je 11,58 m
Rotorkreisfläche	je 105,32 m²
Rumpflänge	17,48 m
Höhe	6,63 m
Leermasse	15.032 kg
Startmasse	max. 27.743 kg
Höchstgeschwindigkeit	560 km/h
Steiggeschwindigkeit	11,8 m/s
Dienstgipfelhöhe	7920 m
Reichweite	3890 km
Bewaffnung	optional 7,62- und 12,7-mm-MG

Bereits 1951 hatte das Unternehmen Bell einen Auftrag zur Entwicklung eines Kipprotorflugzeugs erhalten, dessen Resultat die XV-3 war. Die machte im August 1955 ihren Erstflug und wurde dabei von einem im Rumpf untergebrachten 330 kW starken Kolbenmotor angetrieben. Die beiden Rotoren waren zunächst mit drei, ab 1957 mit zwei Blättern ausgestattet und befanden sich samt Kippmechanismus an den Tragflächenenden. Die Flugerprobung offenbarte verschiedene Probleme etwa mit der Richtungsstabilität, der Steuerung oder mit dem

Bereits 1955 wurde die Bell XV-3 mit kippbaren Rotoren im Flug erprobt und lieferte grundlegende Kenntnisse zur Funktionsweise mit diesem Antriebskonzept ab. (Foto: NASA)

Gangwechsel für andere Motordrehzahlen. Schrittweise wurden höhere Schwenkwinkel der Rotoren getestet, doch erst mit dem modifizierten, zweiten Prototyp der XV-3 gelang im Dezember 1958 die erste von insgesamt 110 vollen Transitionen bei mehr als 250 Testflügen. Die XV-3 startete mit maximal 2200 kg und erreichte bis zu 290 km/h, die Versuche wurden später bis 1966 von der NASA und dem US-Militär fortgeführt und brachten grundlegende Erkenntnisse mit Kipprotoren.

Um einiges futuristischer mutete die Bell X-22A an, welche mit insgesamt vier ummantelten Luftschrauben in beweglichen Gondeln an zwei Tragflächen von 7,01 m (vorn) und 11,96 m (hinten) Spannweite aufwartete. Die wurden von vier am Rumpfheck befestigten General Electric-Turbinen angetrieben und verhalfen dem ersten Versuchsmuster im März 1966 zum Erstflug. Nach einem Crash folgte im Januar 1967 die zweite X-22A in die Flugerprobung, die zwei Monate später die erste Transition durchführte. Mehrere Hunderte Testflüge inklusive Übergängen vom Vertikal- in den Horizontalmodus folgten. Im Auftrag der US-Marine wurde das Erprobungsprogramm hauptsächlich durch die Firma Calspan durchgeführt, ein letzter Testflug erst im Jahr 1988 absolviert. Auch hier wurden wichtige Erkenntnisse im VTOL-Betrieb erzielt, eine kommerzielle Nutzung entfiel allerdings aufgrund der geringen Zuladung und Reichweite.

Vorstufe für die heutige Osprey war schließlich die Bell XV-15, die schon rein äußerlich das künftige Konzept vorgab. NASA und US Army erteilten 1973 einen entsprechenden Entwicklungsauftrag, zwei Versuchsmaschinen begannen ab Mai 1977 sowie April 1979 die Flugerprobung im Schwebeflug. Im Juli 1979 wurde der erste komplette Übergang vom Vertikal- in den Horizontalflug vollzogen. Zwei 1156 kW starke Propellerturbinen in den schwenkbaren Motorengondeln trieben zwei jeweils 7,62 m durchmessende Proprotoren an. Die bis zu 5900 kg schwere XV-15 erreichte damit Maximalgeschwindigkeiten

Nur bei abgestellten Triebwerken können die Gondeln am Boden in die Waagrechte gedreht werden – starten könnte die Osprey so jedoch aufgrund des Rotorkreisdurchmessers nicht. Dieser beträgt jeweils 11,58 m, die Spannweite des Tragwerks selbst beträgt 13,97 m. (Foto: USMC)

Bis heute mutet die Konstruktion der Bell X-22A recht futuristisch an, besonders die vier schwenkbaren Mantelpropeller fallen sofort ins Auge. (Foto: National Museum of Naval Aviation Penacola)

von mehr als 550 km/h. Der erste Prototyp stürzte allerdings im August 1992 ab und musste abgeschrieben werden, der zweite diente bis ins Jahr 2003 vielen weiteren Tests und letztlich auch zur Unterstützung im Osprey-Programm. Den Namen V-22 Osprey erhielt das Projekt im Jahre 1985 und ursprünglich sollte der Typ von der US Army als UV-22, der Air Force als CV-22, der Navy als HV-22, den Marines als MV-22 verwendet sowie durch eine Version zur U-Boot-Abwehr als SV-22 ergänzt werden. Die Vollentwicklung lief ab 1986, sechs Prototypen wurden in Auftrag gegeben. Der erste davon hatte im Mai 1988 seinen Roll-out, noch im gleichen Jahr verließ die US Army das Projekt. Mit der Flugerprobung wurde am 19. März 1989 im Vertikalstartmodus begonnen, wobei der Prototyp der Marine Corps-Konfiguration MV-22 entsprach. Am 9. September sowie am 21. Dezember desselben Jahres absolvierten zwei weitere Prototypen ihre Erstflüge, auch war inzwischen die Transition während des Fluges vom Hubschrauber- zum Flächenflugzeug gelungen. Mit dem dritten und vierten Prototypen erfolgten Anfang Dezember 1990 Trägertests an Bord der *USS Wasp* und insgesamt waren für die Flugerprobung 4000 Stunden vorgesehen. Mittlerweile gab es vor allem wegen der stark gestiegenen Kosten harsche Kritik, die 1990 beinah zum völligen Programmabbruch geführt hätte. Erst durch im Oktober 1992 vom US-Kongress bewilligten zusätzlichen 550 Millionen Dollar konnte das Erprobungsprogramm der Osprey weiter intensiviert werden, bei gleichzeitigen Kostenreduzierungen und dazu gehörigen Modifikationen.

Bell und Boeing liefern als Hersteller ihre jeweiligen Beiträge zum Fertigungsprogramm. Von Bell stammen die Tragflächen, Rotor- und Übertragungssysteme sowie die Triebwerksgondeln, außerdem erfolgt hier auch die Endmontage. Boeing steuert hingegen den Rumpf, die Leit- und Fahrwerkskomplexe und fast alle Subsysteme inklusive der Fly-by-wire-Steuerung und Avionik bei.

Die V-22 Osprey wurde praktisch zum ersten in Serie gebauten Einsatzflugzeug mit Kipprotoren. Nach ausgiebiger Forschung führte das von Bell-Boeing angewandte Konzept zum Erfolg, welches auf zwei schwenkbaren, an den Tragwerksenden befindlichen Turboprops mit je einem dreiblättrigen Rotor basiert. Die so genannten Prop-Rotoren stellen eine Symbiose von Hubschrauberrotoren und Flugzeugpropellern dar, ermöglichen senkrechte Starts und Landungen sowie viel höhere Geschwindigkeiten und Flugweiten als Hubschrauber bisher im Horizontalflug erreichten. Mit bis zu 45 Grad schräg gestellten Triebwerken können Kurzstreckenstarts durchgeführt und in heißeren Klimazonen mehr Nutzlast als beim Senkrechtstart aufgenommen werden. Im Gegensatz zu Hubschraubern ist es allerdings unmöglich, die Osprey bei ausgefallenen Triebwerken mittels Autorotation der Propeller zu landen. Andererseits kann man in einem solchen Fall versuchen, die Osprey wie ein Flächenflugzeug im Gleitflug auf den Boden zu bringen. Für eine Platz sparende Unterbringung lässt sich das Tragwerk über einen Drehring längs über den Rumpf stellen, zusätzlich lassen sich die Rotorblätter falten. Eine der beiden Propellerturbinen reicht im Notfall zum Antrieb beider Rotoren und damit zur Fortführung des Fluges sowie für Start und Landung aus. Die Transition in den Horizontalflug erfolgt innerhalb von zwölf Sekunden automatisch und mit erhöhter Geschwindigkeit sind statt der Rotoren gewöhnliche Klappen und Querruder für die Steuerung verantwortlich. Je nach Aufgabenstellung können im Rumpf der Osprey zwölf bis 24 voll ausgerüstete Soldaten, zwölf Verwundete auf Tragbahren oder bis zu 9071 kg Fracht aufgenommen werden. Bis zu zwei Haken gestatten den Außenlasttransport von maximal 6800 kg, was verschiedene Typen von (kleineren) Fahrzeugen und Geschützen einschließt. Über die aufklappbare Rampe am Rumpfheck können Fallschirmjäger während des Fluges abgesetzt werden, am Boden erleichtert sie das Be- und Entladen. Das am Heck befindliche Höhenleitwerk hat an den Enden Flossen für die Seitensteuerung, das Bugradfahrwerk ist vollständig einziehbar und an allen drei Baugruppen je doppelt bereift. Die Besatzung besteht aus Pilot und Kopilot sowie je nach Bedarf aus bis zu zwei Bordingenieuren oder begleitenden Crewmen, die auf bruchfesten, gepanzerten Sitzen untergebracht sind. Das Cockpit verfügt über zwei Missionscomputer, ein Managementsystem, mehrere Multifunktionsbildschirme sowie ein Zentraldisplay, das auch digitale Kartenfunktionen nutzt. Als Ergänzung gibt es Helmvisiere und Nachtsichtgläser für die

Konzeptionell war die XV-15 ganz klar der Vorläufer der Osprey, wenn auch um einiges kleiner und leichter. (Foto: NASA)

Die Osprey bietet als erstes einsatzreifes Kipprotorflugzeug noch immer ein faszinierendes Erscheinungsbild. Diese MV-22B gehört zum Verband VMM-264, dessen Heimatbasis die MCAS New River in North Carolina ist. (Foto: Heiko Thiesler)

Besatzung, des weiteren gehören GPS, Trägheits- und Radionavigationsanlage, Infrarotsensor, Warnsysteme vor Raketenbeschuss sowie vor Radar- und Infraroterfassung durch den Gegner, Freund-Feind-Erkennung oder zum Teil Abwehrgeräte wie das AN/ALQ-211 oder ein Terrainfolgeradar AN/APQ-186 zu den wichtigen Bestandteilen der Avionik. Mittels eines Betankungsstutzens am Rumpfbug kann die Osprey in der Luft betankt werden, was den Einsatzradius vergrößert. Die V-22 besteht zu über 50% aus Verbundwerkstoffen.

Rund 70 Einsatzmöglichkeiten wurden für die Osprey ausgelotet, die damit dem Charakter als Mehrzweckflugzeug entsprechen. Für manche Missionen sind Waffen vorgesehen wie in und an der Heckrampe montierte und von Soldaten bediente 7,62-mm-MG M240 oder 12,7-mm-MG M2M.

Das Erprobungsprogramm der Osprey hatte auch mit einigen technischen Problemen etwa mit der Flugsteuerungssoftware oder dem Getriebe zu kämpfen. Als das Programm bereits auf der Kippe stand, stürzte am 11. Juni 1991 der fünfte Prototyp bei seinem Erstflug ab und im Juli des darauf folgenden Jahres auch der vierte. Nachfolgend arbeiteten die Hersteller an Verbesserungen, die zu der Typenbezeichnung V-22B führten. Die Flugerprobung konnte Mitte 1993 wieder aufgenommen und bis zum Ende des Jahrzehnts massiv voran getrieben werden. Neben zwei der verbliebenen Prototypen unterstützten neu gebaute, als Vorserienflugzeuge anzusehende EMD(Engineering Manufacturing and Development)-Maschinen die Versuchsreihen. Das schloss Hunderte von Landungen, Tag- und Nachtstarts auf Trägerschiffen wie der *USS Saipan* ein. Der Programmablauf wurde im April 2000 erneut erschüttert, als eine Maschine durch im eigenen Abwind verursachtes schnelles Sinken (Vortex-Ring-State) am Boden aufschlug und alle 19 Insassen getötet wurden. Nicht durch einen Pilotenfehler, sondern durch technische Fehlfunktionen in der Steuerungssoftware gab es im Dezember desselben Jahres einen weiteren Crash mit vier Toten, was ein wiederholtes Flugverbot und heftige Debatten um die Sicherheit und den Einsatzwert der Osprey nach sich zog.

Mit Modifikationen einschließlich einer überarbeiteten Software und Flugkontrolle sowie einem Warnsystem für zu hohe Sinkraten wurde die Flugerprobung dann ab Mai 2002 fortgesetzt. Im September 2005 gab es schließlich die offizielle Freigabe zur vollwertigen Serienproduktion der Osprey.

Zwischen 2003 bis 2005 hatte die in Yuma, Arizona, beheimatete Marines-Teststaffel VMX-22 (im Mai 2016 in VMX-1 umbenannt) insgesamt 26 MV-22B zur Einsatzerprobung erhalten, von denen der Großteil später an die Trainingseinheit VMMT-204 überstellt wurde. Auch die Erprobungsstaffel der US Navy, HX-21 in Patuxent River, Maryland, erhielt das Tiltrotorflugzeug. Erster Einsatzverband wurde schließlich im März 2006 VMM-263 in New River, North Carolina, wo im folgenden Jahr eine anfängliche Einsatzbereitschaft mit der MV-22B vermeldet wurde. Im gleichen Jahr erreichte Anfang Oktober VMM-263 mit zehn MV-22B die Al Asad Luftwaffenbasis im Irak, um fortan Unterstützungs- und Transporteinsätze wahrzunehmen. Zwei weitere Maschinen kamen im Februar 2008 hinzu und bis zur Ablösung durch die MV-22B der Staffel VMM-162 absolvierten die zwölf Ospreys bei einem Klarstand von rund 68% über 2500 Einsätze. Bei diesen Flügen wurden mehr als 700 Tonnen Fracht sowie Tausende Soldaten sowie Zivilpersonen transportiert. Zahllose Missionen in Afghanistan und Irak sowie weiteren Spannungsherden folgten, zum anderen wurde die Osprey zu vielen humanitären Flügen nach verheerenden Umweltkatastrophen eingesetzt. Gleichzeitig löste sie bis 2014 die CH-46 Sea Knight ab, aus den Helicopter Marine Medium Squadrons (HMM) wurden Marine Medium Tiltrotor Squadrons (VMM) geformt. Inzwischen sind der Einsatzbetrieb inklusive Auslandseinsätzen und der Stationierung auf amphibischen Angriffsschiffen beim Marine Corps zur Routine geworden, obgleich stetig Verbesserungen bei Einsatztaktiken und der Missionsausrüstung einfließen. So dienen inzwischen die frühen Exemplare des Block A-Standards überwiegend Trainingszwecken, während die Block B-Maschinen über verbesserte Wartungseigenschaften und aufgewertete Avionik sowie einen einziehbaren Nachtankstutzen verfügen. Ab 2010 kam der Block C-Standard hinzu, der vor allem im Bereich der Avionik etwa mit einem neuen Wetterradar oder erweiterten Möglichkeiten zur elektronischen Kampfführung punkten konnte. Das Programm CC-RAM (Common Configuration – Readi-

In der Ansicht kann man die eigenwillige Rumpfform gut erkennen. Die verbreiterten Rumpfwülste wie auch andere Baugruppen sind zum Schutz vor Bodenfeuer mit Kevlar gepanzert. (Foto: Heiko Thiesler)

Fast wie aus einem Science-Fiction-Film mutet diese Aufnahme an. Sie entstand bei einer Übung in Vorbereitung auf den Einsatz im Nahen und Mittleren Osten. Hier wurden inzwischen zahllose Einsätze von den MV-22 und ihren Crews gemeistert. (Foto: USMC)

VMM-365
YM
05

ness And Modernization) bringt aktuell die Block B-Maschinen auf den Block C-Standard, 2017 erhielt der Hersteller vom Naval Air Systems Command einen dazugehörigen 57 Millionen US-Dollar schweren Vertrag. So werden die Ospreys den zeitgemäßen Anforderungen angepasst und sicher in Zukunft von weiteren modernen Komponenten profitieren. Das US Marine Corps ist größter Nutzer der Osprey, bis zum Jahr 2020 soll die Zuführung von 360 Exemplaren abgeschlossen sein. Diese dienen in 18 operationellen Einsatzstaffeln, einem Trainingsverband sowie mindestens zwei Reserveeinheiten. Auch HMX-1 in Quantico, Virginia nutzt das Tiltrotorflugzeug in einer Größenordnung von zwölf Maschinen zum VIP-Transport.

Die US Navy interessierte sich ebenfalls frühzeitig für die Osprey und testete das Muster ausgiebig, doch ausbleibende oder anderweitig verwendete Finanzen schoben die Beschaffung des Rotorflugzeugs hinaus. Ab 2009 wurde die Osprey für den Carrier-on-Board-Delivery-Einsatz auf Flugzeugträgern und damit als Ablösemuster der C-2 Greyhound gehandelt, um Schiffe und ihre Besatzungen künftig mit allen benötigten Gütern zu versorgen oder Passagiere zu befördern. Entsprechende Testreihen wurden auf Trägerschiffen wie z.B. im August 2018 auf der *USS George H.W. Bush* (CVN-77) durchgeführt. Gegenüber dem Flächenflugzeug C-2 verfügt die Osprey über den Vorteil, je nach Platzangebot auch auf anderen Schiffen (senkrecht) landen und starten zu können und so logistische Unterstützung zu leisten. Schließlich wurden 2018 die ersten Osprey für die US Navy unter der Dienstbezeichnung CMV-22B bestellt, für zunächst 39 Exemplare sind aktuell mehr als 4 Milliarden US-Dollar vorgesehen. Noch im Dezember wurde mit VRM-30, Fleet Logistics Multi-Mission Squadron 30, die erste Einheit zum Einsatz der CMV-22B aufgestellt. Die Produktion ist angelaufen und die anfängliche Einsatzbereitschaft ist für das Jahr 2021 geplant.

Einsatzstaffeln (Auswahl):
HMX-1
HX-21
VMM-161, 162, 163, 164, 165, 166, 212, 261, 262, 263, 264, 265, 266, 268, 363, 364, 365, 764, 774
VMMT-204
VMX-1

Linke Seite: Für Start und Landung sind die Proprotoren der Osprey hochgestellt, hier auf dem amphibischen Angriffsschiff USS Nassau *(LHA-4) im Jahr 2010. Im Hintergrund schwebt eine zweite Maschine ein. (Foto: USMC)*

Oben: Die Beschaffung von insgesamt 360 MV-22 für das Marine Corps führte zur Ausrüstung von 18 operationellen Einsatzstaffeln. Das Bild verdeutlicht die Größe des Kipprotorflugzeugs. (Foto: US Navy)

Raffiniert gelöst haben die Konstrukteure den Faltmechanismus der Osprey zur platzsparenden Unterbringung auf Schiffen. Dazu werden die Rotorblätter nach innen gefaltet und das gesamte Tragwerk in der Längsachse gedreht. Diese und andere revolutionären Designideen führten aber auch zu sehr hohen Programm- und Entwicklungskosten. (Foto: USMC)

TOP
MARINES
VMM-561
03

Anhang

Hubschrauberverbände US Navy 2019

Einheit	Heimatbasis	Fluggerät
HM-12 (FRS)	Chambers Field, Norfolk, Virginia	MH-53E
HM-14	Chambers Field. Norfolk, Virginia	MH-53E
HM-15	Chambers Field, Norfolk, Virginia	MH-53E
HSC-2 (FRS)	Chambers Field, Norfolk, Virginia	MH-60S
HSC-3 (FRS)	North Island, Kalifornien	MH-60S
HSC-4	North Island, Kalifornien	MH-60S
HSC-5	Chambers Field, Norfolk, Virginia	MH-60S
HSC-6	North Island, Kalifornien	MH-60S
HSC-7	Chambers Field, Norfolk, Virginia	MH-60S
HSC-8	North Island, Kalifornien	MH-60S
HSC-9	Chambers Field, Norfolk, Virginia	MH-60S
HSC-11	Chambers Field, Norfolk, Virginia	MH-60S
HSC-12	Atsugi, Japan	MH-60S
HSC-14	North Island, Kalifornien	MH-60S
HSC-21	North Island, Kalifornien	MH-60S
HSC-22	Chambers Field, Norfolk, Virginia	MH-60S
HSC-23	North Island, Kalifornien	MH-60S
HSC-25	Anderson, Guam + Iwakuni, Japan	MH-60S
HSC-26	Chambers Field, Norfolk, Virginia	MH-60S
HSC-28	Chambers Field, Norfolk, Virginia	MH-60S
HSC-85 (FRS)	North Island, Kalifornien	MH-60S
HSM-35	North Island, Kalifornien	MH-60R
HSM-37	Kaneohe Bay, Hawaii	MH-60R
HSM-40 (FRS)	Mayport, Florida	MH-60R
HSM-41 (FRS)	North Island, Kalifornien	MH-60R
HSM-46	Mayport, Florida	MH-60R
HSM-48	Mayport, Florida	MH-60R
HSM-49	North Island, Kalifornien	MH-60R
HSM-51	Atsugi, Japan	MH-60R
HSM-60 (Res)	Jacksonville, Florida	MH-60R
HSM-70	Jacksonville, Florida	MH-60R
HSM-71	North Island, Kalifornien	MH-60R
HSM-72	Jacksonville, Florida	MH-60R
HSM-73	North Island, Kalifornien	MH-60R
HSM-74	Jacksonville, Florida	MH-60R
HSM-75	North Island, Kalifornien	MH-60R
HSM-77	Atsugi, Japan	MH-60R
HSM-78	North Island , Kalifornien	MH-60R
HSM-79	North Island, Kalifornien	MH-60R
HT-8	Whiting Field, Florida	TH-57B, TH-57C
HT-18	Whiting Field, Florida	TH-57B, TH-57C
HT-28	Whiting Field, Florida	TH-57B, TH-57C
HX-21	Patuxent River, Maryland	Verschiedene
VRM-30	North Island, Kalifornien	CMV-22B

Bemerkungen:

- *FRS - Fleet Replacement Squadron (Umschulungsstaffel), Res – Reservestaffel*
- *Ein Aufgebot von HM-14 ist regelmäßig in Pohang, Südkorea, von HM-15 in Manama, Bahrein stationiert.*

Hubschrauberverbände US Marine Corps 2019

Einheit	Heimatbasis	Fluggerät
HMH-361	Miramar, Kalifornien	CH-53E
HMH-366	New River, North Carolina	CH-53E / K
HMH-461	New River, North Carolina	CH-53E
HMH-462	Miramar, Kalifornien	CH-53E
HMH-463	Kaneohe Bay, Hawaii	CH-53E
HMH-464	New River, North Carolina	CH-53E
HMH-465	Miramar, Kalifornien	CH-53E
HMH-466	Miramar, Kalifornien	CH-53E
HMH-772	Lakehurst, New Jersey	CH-53E
HMHT-302 (FRS)	New River, North Carolina	CH-53E
HMLA-167	New River, North Carolina	AH-1Z, UH-1Y
HMLA-169	Camp Pendleton, Kalifornien	AH-1Z, UH-1Y
HMLA-267	Camp Pendleton, Kalifornien	AH-1Z, UH-1Y
HMLA-269	New River, North Carolina	AH-1W, UH-1Y
HMLA-367	Kaneohe Bay, Hawaii	AH-1Z, UH-1Y
HMLA-369	Camp Pendleton, Kalifornien	AH-1Z, UH-1Y
HMLA-469	Camp Pendleton, Kalifornien	AH-1Z, UH-1Y
HMLA-773 (Res)	Lakehurst, New Jersey	AH-1W, UH-1Y
HMLA-775 (Res)	Camp Pendleton, Kalifornien	AH-1W / Z, UH-1Y
HMLAT-303 (FRS)	Camp Pendleton, Kalifornien	AH-1Z, UH-1Y
HMX-1	Quantico, Virginia	VH-3D, VH-60N, MV-22B
VMM-161	Miramar, Kalifornien	MV-22B
VMM-162	New River, North Carolina	MV-22B
VMM-163	Miramar, Kalifornien	MV-22B
VMM-164	Camp Pendleton, Kalifornien	MV-22B
VMM-165	Miramar, Kalifornien	MV-22B
VMM-166	Miramar, Kalifornien	MV-22B
VMM-212	New River, North Carolina	MV-22B
VMM-261	New River, North Carolina	MV-22B
VMM-262	Futenma, Japan	MV-22B
VMM-263	New River, North Carolina	MV-22B
VMM-264	New River, North Carolina	MV-22B
VMM-265	Futenma, Japan	MV-22B
VMM-266	New River, North Carolina	MV-22B
VMM-268	Kaneohe Bay, Hawaii	MV-22B
VMM-362	Miramar, Cailifornia	MV-22B
VMM-363	Kaneohe Bay, Hawaii	MV-22B
VMM-364	Camp Pendleton, Kalifornien	MV-22B
VMM-365	New River, North Carolina	MV-22B
VMM-764 (Res)	Miramar, Kalifornien	MV-22B
VMM-774 (Res)	Chambers Field, Norfolk, Virginia	MV-22B
VMMT-204 (FRS)	New River, North Carolina	MV-22B
VMX-1 (Test)	Yuma, Arizona	AH-1W / Z, CH-53E / K, MV-22B, UH-1Y

Bemerkungen:

- *FRS – Fleet Replacement Squadron (Umschulungsstaffel), Res – Reservestaffel*
- *Ein Aufgebot von HMLA-773 ist auch auf der NAS New Orleans, Louisiana stationiert.*

Standorte der US Coast Guard mit Hubschraubern 2019

Heimatbasis	Fluggerät
US COAST GUARD ATLANTIC AREA	
District 1	
USCG Air Station Cape Cod, Massachusetts	MH-60T
District 5	
USCG Air Station Atlantic City, New Jersey	MH-65D
USGC Air Station Elizabeth City, New Jersey	MH-60T
District 7	
USCG Air Station Cape Borinquen, Puerto Rico	MH-65D
USCG Air Station Clearwater, Florida	MH-60T
USCG Air Station Miami, Florida	MH-65D
USCG Air Station Savannah, Georgia	MH-65D
OPBAT – Operation Bahamas, Turk & Caicos	MH-60T
District 8	
USCG Air Station Corpus Christi, Texas	MH-65D
USCG Air Station Houston, Texas	MH-65D
USCG Air Station New Orleans, Louisiana	MH-65D
District 9	
USCG Air Station Detroit, Michigan	MH-65D
USCG Air Station Traverse City, Michigan	MH-60T
US COAST GUARD PACIFIC AREA	
District 11	
USCG Air Station Humboldt Bay, Kalifornien	MH-65D
USCG Air Station Los Angeles, Kalifornien	MH-65D
USCG Air Station San Diego, Kalifornien	MH-60T
USCG Air Station San Francisco, Kalifornien	MH-65D
District 13	
USCG Air Station Astoria, Oregon	MH-60T
USCG Air Station Port Angeles, Washington	MH-65D
District 14	
USCG Air Station Barbers Point, Hawaii	MH-65D
District 17	
USCG Air Station Kodiak, Alaska	MH-60T, MH-65D
USCG Air Station Sitka, Alaska	MH-60T

Literaturverzeichnis

Neben Herstellerangaben und Informationen aus der Emil Buehler-Library im National Museum of Naval Aviation Pensacola wurden folgende Quellen berücksichtigt:

- A History Of U.S. Coast Guard Aviation, Arthur Pearcy
- Airlife`s Helicopters & Rotorcraft, Rod W. Simpson
- Air Forces Monthly – verschiedene Ausgaben
- Aircraft – verschiedene Ausgaben
- Air War In The Gulf 1991, Christopher Chant
- Carrier Aviation In The 21st Century – Thomas Newdick (edit.)
- Combat Aircraft – verschiedene Ausgaben
- Conflict In The Balkans 1991–2000, Tim Ripley
- Helicopters & Autogyros Of The World, Paul Lambermont with Anthony Pirie
- International Air Power Review – verschiedene Ausgaben
- Jane`s All The World`s Aircraft – verschiedene Ausgaben
- Kaman H-43 – An Illustrated History, Wayne Mutza
- Naval Aviation News – verschiedene Ausgaben
- Naval Fighters – verschiedene Ausgaben
- United States Naval Aviation 1910–1996 – Roy A. Grossnick, Naval Historical Center
- US Marine Corps Aviation Since 1912, Peter B. Mersky
- Vietnam Air Wars, René J. Francillion
- Vietnam Choppers – Helicopters In Battle 1950-1975, Simon Dunston
- World Air Power Journal – verschiedene Ausgaben